高等院校艺术与设计类专业“互联网 +”创新规划教材

产品形态设计

（第2版）

主　编　翁春萌　艾险峰

副主编　王采莲　曾　力　苏荷芬

北京大学出版社
PEKING UNIVERSITY PRESS

内 容 简 介

本书融合了产品形态设计的基础理论和实践内容，各知识点具有连续性，其中形态设计训练与实务部分可操作性较强、易教易学，具有较强的实践性。

全书分为六章：第一章为产品形态概述，主要探讨影响产品形态的因素；第二章介绍产品形态的基本元素与设计原则，主要探讨产品形态中元素与元素之间的关系，以及产品形态中的形式美法则；第三章将产品形态设计的相关知识穿插于典型案例的解析中；第四章重点剖析了产品形态中涉及的主要设计问题，并设置了产品形态的基础训练；第五章讨论影响产品形态设计的各种因素，并结合设计实例介绍了产品设计的实战程序；第六章为产品的色彩设计，主要探讨了产品色彩与行业特征、产品色彩与企业形象、产品色彩与用户及材质工艺等的关联。附录为编者的一些产品设计作品，供读者参考。

本书适合作为高等院校工业设计（产品设计）专业教学用书，既是产品形态基础教学的实用教材，也是工业设计爱好者的启蒙教材。

图书在版编目 (CIP) 数据

产品形态设计 / 翁春萌，艾险峰主编. —2 版. —北京：北京大学出版社，2021.1

北大版·高等院校艺术与设计类专业“互联网 +”创新规划教材

ISBN 978-7-301-31532-3

Ⅰ. ①产…　Ⅱ. ①翁…②艾…　Ⅲ. ①产品设计—造型设计—高等学校—教材　Ⅳ. ①TB472

中国版本图书馆 CIP 数据核字 (2020) 第 149713 号

书　　名	产品形态设计（第 2 版） CHANPIN XINGTAI SHEJI（DI-ER BAN）
著作责任者	翁春萌　艾险峰　主编
策划编辑	孙　明
责任编辑	李瑞芳
数字编辑	金常伟
标准书号	ISBN 978-7-301-31532-3
出版发行	北京大学出版社
地　　址	北京市海淀区成府路 205 号　100871
网　　址	http://www.pup.cn　　新浪微博：@ 北京大学出版社
电子邮箱	编辑部 pup6@pup.cn　　总编室 zpup@pup.cn
电　　话	邮购部 010-62752015　　发行部 010-62750672　　编辑部 010-62750667
印 刷 者	北京宏伟双华印刷有限公司
经 销 者	新华书店
	889 毫米 ×1194 毫米　16 开本　8.75 印张　272 千字
	2016 年 7 月第 1 版
	2021 年 1 月第 2 版　2024 年 7 月第 4 次印刷
定　　价	49.00 元

第 2 版前言

随着制造业发展的不断深化，工业设计作为从中国制造到中国智造的重要驱动力，得到社会和越来越多企业的重视，工业设计教育呈现一片欣欣向荣的景象。

本书吸收了目前市面上相关教材的优点，结合作者十余年的教学经验、行业发展、本专科学生的实际应用情况进行编写。本次修订围绕产品形态设计介绍了从基础到进阶的相关知识，精心挑选 200 多幅案例图片并配有文字解析，直观生动、可读性强。同时，产品设计的训练题目遵循由易到难、系统科学的原则，知识点紧密配合教学进度，适度够用，并有示范作业可供参考；特别补充了近几年来学生参加各项设计比赛的成果，使本书的教学实用性大大增强。书中以二维码的形式，提供了部分相关的教学资源，读者通过手机“扫一扫”的功能可以在课堂内外进行相应知识点的拓展学习，也便于编者随时更新相关资讯。

本书由武汉科技大学艺术与设计学院的翁春萌、艾险峰担任主编，王采莲、曾力、苏荷芬担任副主编，硕士研究生陈杨钰、王静然、杨红、谭露和谭宇骁分别参与了第 1～5 章案例的更新与整理、文字校对等工作。在此一并向教学同仁吴菁、胡康和赵音及其相关老师、同学表示感谢。希望教师在使用本书授课时，让学生在实践过程中体验产品形态设计的过程、方法和乐趣，增强对形态的认知和运用，培养逻辑思维能力和对生活的热爱，让学生主动观察、积极探索，真正体会到产品设计的学习是一种综合的、不断深化的体验过程。

由于作者水平有限，难免有不足疏漏之处，敬请广大读者和同行批评指正。

编　者

2020 年 9 月

【本书课程思政元素】

【资源索引】

目　录

第一章

产品形态概述

课前训练

内容：在最近几年上市销售的产品中举出一例你最喜欢的产品外观造型，用3～5个形容词描述它带给你的感觉，画出它的三视图，分析这种产品为什么带给你这样的视觉感受。

注意事项：注意分析产品特征线条对整体形态的影响。

要求和目标

要求：了解产品形态的概念；
了解影响产品形态的因素。

目标：学习本章后，学生学会分析产品形态的影响要素，能够主动解读产品形态中设计师所要传递的信息。

本章要点

影响产品形态的因素。

本章引言

形态一词不仅涵盖实物的外表状态，而且还具有事物存在的状态、构成形式等丰富内涵。产品形态是表达设计思想和实现产品功能的语言和媒介，产品形态设计不仅要实现产品的使用功能，还要传达精神、文化层面的意义与象征性意义，所以产品形态是产品自身的功能、结构、材料以及工艺技术等客观因素与设计师和消费者在审美、价值判断等主观因素相互作用的结果。

形态是传达视觉信息的第一要素。在社会生活中，人们往往会用图形符号来表述自己的思想，传达自己的愿望。情感交流需要文字图形，科学研究需要工程图，文艺创作需要艺术图形。在生产技术活动中，人们早已学会用图形来表达自己的设计意图和工作方式。人们就是生活在这样一个“形”的世界里，从原始社会的结绳记事，到现代人向宇宙天体发送的各式飞行器，无不是借助“形”来传情达意。

1.1　形态概述

大千世界充满形态，无论是通过感官感觉到的存在，还是通过思维构想出的抽象事物等，都可以用形态加以表达。

形态包含了两层内容，即“形”和“态”。何谓“形”？《字汇・乡部》曰：“形，状也”，说明“形”是形象存在的状态。“形”可以是具有二维属性而不具备厚度的概念，如人们常说的圆形、方形、三角形或者多边形等；“形”也可以是物体的外形或轮廓。而“态”是指蕴含在物体形体内的神态或者意象，任何物体都是“形”和“态”的统一体，相辅相成、不可分割。形状可见，具有客观性；而神态相对隐形，往往具有人的主观色彩。在设计过程中，我们既要创造一个美的外形，同时还要赋予形体一个与之适合的神态。

形态大体上可以分为两大类：一类是非现实形态，是指在现实中无法成立的形态；另一类是现实形态，是形态的主体，包括自然形态和人工形态。

自然形态是自然生长的形态，它的存在不随人的意志而改变。自然形态分为生物形态和非生物形态。生物形态是指动物、植物、微生物。生物形态具备生长机能，形体本身会发生不断变化。非生物形态是指相对静止，不具备生长机能的形态，是由化合物结合形成的形态（如化石、熔岩、土壤等），或者以物理结合的形态（如天体等）组成。

人工形态是人类通过对材料进行有计划、有目的的设计加工而制造出来的物品形态。如今，人工形态充斥人们的生活空间，我们的衣食住行无一不依赖着人工制造的产品。生活环境的变化也导致了人们的审美变化，人工形态美妙的功能和结构逻辑吸引着我们的兴趣，刺激着我们对新的形态进行创造与再设计的冲动。

1.2 产品形态的分类及影响因素

产品设计是产品内部环境和外部环境的结合，内部环境指的是产品自身的物质和组织，外部环境指的是产品的工作或使用环境。产品形态作为内部环境和外部环境交流的媒介，承载着人、机、环境三者之间交流的桥梁作用。

1.2.1 产品形态的分类

批量生产的工业产品，其形态是具有一定的目的性的人为形态，概括起来主要分为以下几种典型的形式。

1. 具象形态

具象形态是以自然形态为素材，对自然形态进行模仿、提取、加工而成。这类具象形态在现代工业产品中以儿童玩具、游艺场的玩具及器材为主，此外还有一些儿童使用的学习用品和儿童环境装饰品。因为这类具体形象便于儿童理解，同时具有亲和力与趣味性（图 1–1）。

如图 1–2 所示为 oppo pet 动物系列无线鼠标。这个系列的产品旨在为平凡无奇的办公桌增添一丝趣味和色彩。这个系列的鼠标包括狐狸、狗、海豚、猫、猪、松鼠、蜥蜴和兔子等造型，每一个鼠标都配有一个动物尾巴形状的无线接收器，使原本普通的鼠标变成了一个个可爱的小动物。

图 1–1 晨鸟闹钟 / 独立设计师品牌：weis/ 中国

图 1–2 oppo pet 无线动物系列鼠标 /elecom mendo/ 日本

2. 模拟形态

模拟形态是以自然形态为模仿对象，而非完全模拟，在某些形态的表现上体现某些自然形态的特点，以达到产品某种功能的需要。例如飞机的形态模拟鸟的形态、现代轿车的形态模仿鱼背的形态等。这种形态创造方法在现代产品的造型设计中应用较多，但是它排除了纯自然主义的模仿（图 1–3 和图 1–4）。

图 1-3　海螺椅 /Marco S.Santos/ 葡萄牙

图 1-4　鹦鹉螺洗手盆 /HighTech Design/ 德国

3. 象征形态

象征形态仍以自然形态为基础，但经过艺术的提炼与加工，经过夸张、变形等艺术处理，使之即使有自然形态的某些特征，但又不是自然形态的再现。这类形态创造在造型设计中应用较多。应用这类形态造型往往表达某些联想和暗示，能产生比较深刻、含蓄的意义。图 1-5 这款仿生蜻蜓椅的四条腿在椅子底部前端衔接在一起，就像蜻蜓的两对翅膀与腹尾部的分布，神似蜻蜓的体态，尾部翘起，四翼靠前。图 1-6 这款灯具的灵感来源于螳螂的复眼，当你移动时，黑点也在移动，看起来像是螳螂复眼中移动的黑影。

图 1-5　仿生蜻蜓椅 /Odo Floravanti/ 意大利

图 1-6　螳螂眼灯 /Miriam Josi/ 瑞士

4. 抽象形态

抽象形态是以自然规律与运动为基础，以形态要素点、线、面的运动与演变而形成的多种多样的几何形态，这类形态虽然具体但不具象，既可以有规律也可以无规律，尽管其形式抽象，但仍能使人产生无穷的联想。抽象形态的创造在现代工业产品的造型中应用最多。它以线、面、体的组合与分割、运动与演变构成具有现代审美特征的新形态，如图 1-7 和图 1-8 所示。

图 1-7 黄金比例柜 / 王鹏 / 中国

图 1-8 Fold Tables/Max Voytenko/ 乌克兰

1.2.2 影响产品形态的因素

产品的“形”与基础“形”相比，具有较多的限制性，如语义的限制、材料工艺技术的限制、市场因素的限制等，可以将产品形态设计理解为“戴着镣铐跳舞”。形态总是通过一定的物质形式来体现，因此人们在评判产品形态时也总是与这些基本要素联系起来。产品形态是功能、材料与工艺、结构、色彩等要素所构成的“特有态势”给人的一种整体观赏形式。

1. 产品形态与功能

产品的功能包含技术功能和使用功能。技术功能指产品具备的结构性能、工作效率、可靠性等性能和功效，主要研究物与物之间的适应性和协调性，以更好地实现产品的既定功能。使用功能主要从人与物的角度出发，研究产品形态如何更好地与人相适应，使人在使用过程中感到轻松、安全、方便、省力、舒适。产品形态与功能密切相关，使用功能往往决定产品形态的基本构成，功能的增减，通常会带来产品形态的变化。

2. 产品形态与材料工艺

产品材料的运用，是实现产品形态的重要保障。不同材料具有不同的特性，其加工性能、强度、刚度等有助于实现产品的各项功能。材料所具有的不同肌理，通过人的触觉、视觉等形成不同的产品体验。

3. 产品形态与结构

任何产品均由若干零部件组合而成，结构即零部件形式及零部件之间组合连接的方式，产品结构与产品形态息息相关。同时，由于零部件之间组合连接的方式多种多样，所以产品形态的创新完全可以通过结构创新来实现。

4. 产品形态与人机工程学

正确的比例尺度是形态造型的基础，人机工程学是确定尺度的重要依据，产品的形态设计据此调整造型的比例关系，如机床的护罩、设备操作等，都需要首先考虑造型物的尺度，即人体尺寸适应的长、宽、高等，然后才是视觉感觉和细部调整。

5. 产品形态与技术

技术会对产品形态产生重要的影响，设计的发展与同期的技术水平密切相关。技术条件决定了设计的最终形态。当技术发生重大飞跃时，产品形态发展的空间就会增大，可能性也会增加。随着信息技术的发展，如集成电路、微型芯片、计算机程序化等技术的发展，使得产品形态趋向小型化、薄型化，对结构和功能的依附程度降低，自由度更大。人工智能技术的发展，带动了对“物”的重新思考与定义，也将直接改变相当数量的产品形态的走向。

6. 产品形态与环境

环境对产品形态的影响主要体现在材料的选择和技术的运用上要减少对环境的污染。形态设计可以利用回收性设计和重复性设计，也可以采用组合设计、可拆卸设计、可折叠设计等，有效地减少产品的占地面积，使空间得以充分有效的利用。

7. 产品形态与文化

产品是文化的物质载体，产品形态是文化的视觉呈现，体现着人们对生活的理解、态度与追求，是不同生活方式的集中体现。不同民族、国家、地区具有不同的文化，形成了风俗人情、生活方式、价值标准、消费习惯等方面的差异，也造就了差异化的产品形态和设计风格。

产品形态设计不排除感性的介入，但其思维过程应该由理性来引导，从基本形态的缘起到细节的推敲，都不能脱离大众审美、材料工艺、产品功能、经济因素等的限制。产品形态设计的起点各有不同，有的设计师喜欢从几何形态开始自己的设计；有的设计师喜欢从材料开始设计；有的设计师喜欢从概念开始讲述设计的故事；有的设计师喜欢通过借鉴其他产品来展开设计；而企业的产品设计师也常常通过对某种流行元素进行重构来展开设计。

单元训练和作业

练习题

1. 解读产品形态细节

解读产品形态细节【参考图文】

在 2010—2020 年红点 \ G-Mark（Good Design Award）\iF\IDEA 的获奖作品中，任选至少 3 款设计进行产品形态的解读。分析形态的细节并且尝试用修改（如改变某一线条）的方式进行推敲，得出自己的结论，并通过 PPT 演示。

2. 解读产品形态演变的趋势

任选一类产品，分析其设计形态的演变，通过 PPT 演示总结造型革新的动力。

要点提示：从影响产品形态的要素进行形态演变分析，功能需求的变化、新材料与新技术的革新、结构组合的改变、时代风格的影响，都会引发产品造型的相应改变。

思考题

是什么导致了产品造型的革新?

第二章

产品形态的基本元素与设计原则

课前训练

内容： 有一款冰箱，宽60cm，高180cm（正视，不计底脚的高度），设计上、下两个门，如何确定分界线位置？如果设计上、中、下3个门，你将如何进行设计？

注意事项： 注意矩形分割中产生的各个形之间及局部与整体之间的比例关系。

要求和目标

要求： 理解产品中的点、线、面；
理解并能够运用形式美法则；
熟悉各种特殊比例矩形的画法；
熟悉模度与控制线，理解控制线在产品中的拓展。

目标： 学会观察优秀产品中的基本要素并分析其关系，能分析优秀产品中形式美法则的运用，并能够利用形式美法则指导自己设计产品形态。

本章要点

产品的基本要素、形式美法则、模度与控制线、控制线的拓展。

本章引言

点、线、面是构成产品形态的基本要素，运用这些要素可以设计出各式各样的产品形态。在设计中，应遵循形式美法则，让各种细节要素和谐地组合起来。

2.1　产品形态的基本要素

产品形态的基本要素属于“造型基础”课程的内容，在此只作简要描述。形态的基本要素可以从造型和结构两方面来分类。在造型方面，最基本的要素有点、线、面。

在几何学的定义里，点只有位置而没有大小。在产品设计中，当某一个局部视觉要素在视觉上小到一定程度，具备点的特征时，即可视为产品设计中的点，因此点可以有面积、大小、形状、虚实、方向和质感变化等。点在产品中的出现可能是因为功能需要，比如手机按键、发声孔、散热孔、机器旋钮等；也可能只是出于美化的需要，在产品设计过程中根据形式美法则而采用点作为产品表面的装饰（图 2–1）。点的大小、疏密、排列都会传递不同的信息，在设计中应该被重视，具体可参见造型基础类教材。

产品中的线条不仅指的是外轮廓线，还包括曲面发生转折处和产品各部件的接缝（图 2–2）。

(a) 无印良品公司 CPD-4 CD 机 / 森泽直人 / 日本

(b) JBL 公司 Charge3 无线蓝牙音箱 / 美国

图 2–1　产品中的点

(a) 雷克萨斯公司 LF-SA 概念车 / 日本

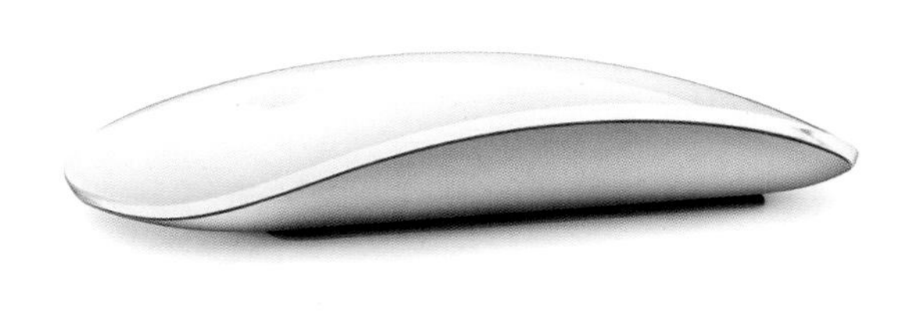

(b) 苹果公司 MagicMouse2/ 美国

图 2–2　产品中的线

产品形态的面大体可分为以下 3 类。

(1)直线形面具有直线所表现的心理特征。例如：多组矩形面在心理上给人硬朗、理性、简洁、安定、井然有序的感觉(图 2-3)。

(2)几何曲面是以严谨的数学方式构成的几何性质的曲面，包括圆柱面、圆锥面、球面以及简单的旋转体等。它们比平面柔软，却也因数理规律而存在一定的秩序感，不如自由曲面随性(图 2-4、图 2-5)。

(3)自由曲面一般通过几何曲面变形、组合或分割等手法得来，曲面形式较自由，无明显的数理规律(图 2-6)。

产品形态中体块元素之间的关系，主要有楔入、支撑、贯穿 3 种关系，如图 2-7 所示。产品形态中的形体贯穿如图 2-8 所示。

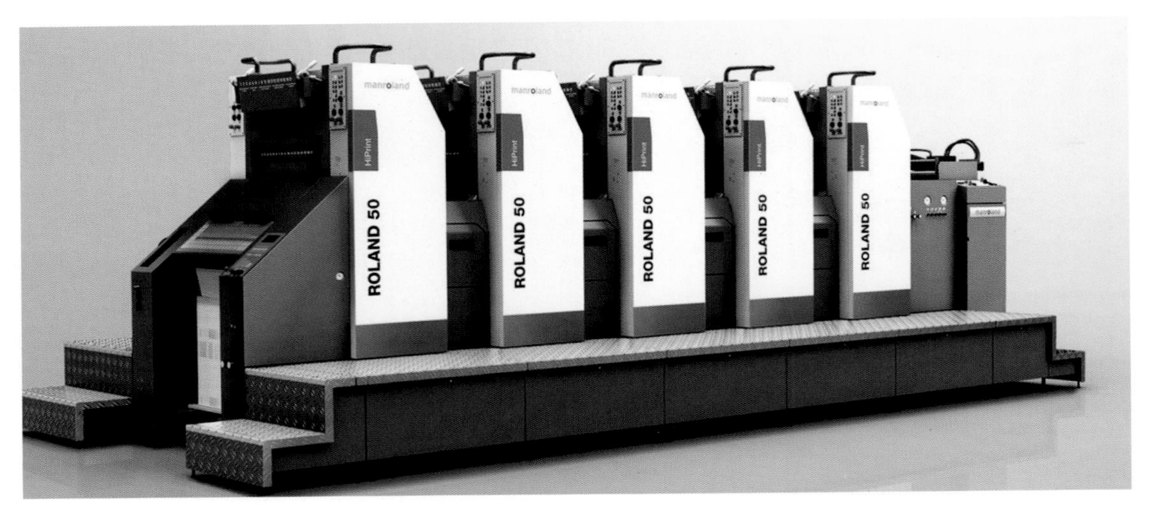

图 2-3 产品中的直线形面 / 曼罗兰包装印刷机 / 德国

图 2-4 产品中的几何曲面(一)/ 喜多俊之 / 日本

图 2-5 产品中的几何曲面(二)/Boynq 公司 Vase 音箱 / 荷兰

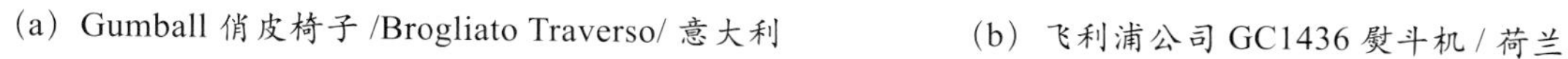

（a）Gumball 俏皮椅子 /Brogliato Traverso/ 意大利　　（b）飞利浦公司 GC1436 熨斗机 / 荷兰

图 2–6　产品中的自由曲面

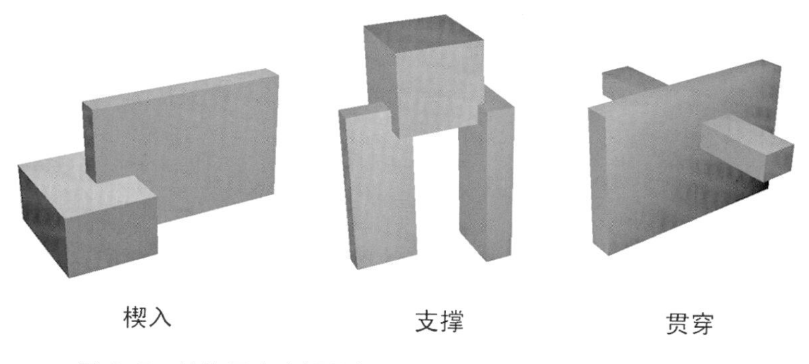

图 2–7　体块元素之间的关系 / 汉娜著《设计元素》/ 美国

图 2–8　形体贯穿 / 戴森咖啡机概念图 /Hyun Su Jang/ 韩国

从产品的结构来看，一般有壳体结构、框架结构、契合结构、拉伸收缩结构、弹力结构、气囊结构等，在此不展开讲述，具体参见造型基础类教材。

2.2　产品形态中的形式美法则及其应用

无论是平面设计、服装设计、建筑设计、环境设计，还是产品设计，虽然设计内容千差万别，但设计的目的都是要传递美感。在现实生活中，人们因为不同的生活阅历、文化素质、经济地位、价值观念等，从而具有不同的审美观念，在评价同一件事物的美丑时，不同的人总会有差异。任何一件有存在价值的事物，必定具备合乎逻辑的内容和形式。单从形式条件来评价某一物象时，大多数人的感觉会趋向一致。例如：高大的杉树、耸立的高楼大厦、巍峨的山峰等，它们都是高耸的垂直结构，在人们的视觉经验中，垂直线在视觉形式上给人以上升、高大、威严等感受；而水平线则使人联想到地平线、一望无际的平原、风平浪静的大海等，因而使人产生开阔、舒缓、平静等感受。这种共识是人们长期在生产、生活实践中积累的。在这些共识的基础上，人们逐渐发现了形式美的基本规律，称之为形式美法则。时至今日，形式美法则已经成为现代设计的理论基础。

形式美法则主要有以下几条，其中“和谐”可理解为设计的目的；“统一与变化”是营造“和谐”的战略，是诸多法则中总的形式规律；而“对比与调和”“对称与均衡”“比例与尺度”“节奏与韵律”，则是具体的法则和手段。

2.2.1 和谐

和谐指的是两种或两种以上的要素给人们带来的感受和意识是一种整体协调的关系，既不单调乏味，也不杂乱无章。单独的一种颜色、单独的一根线条无所谓和谐，只有几种要素具有基本的共通性和融合性才能称为和谐。

2.2.2 统一与变化

统一是多种事物或组成单一事物的各个部分之间，具有过渡、呼应（图2–9）、秩序和规律性等内在联系，形成一种一致的或具有一致趋势的整体感。统一对于产品形态的影响体现在以下几方面。

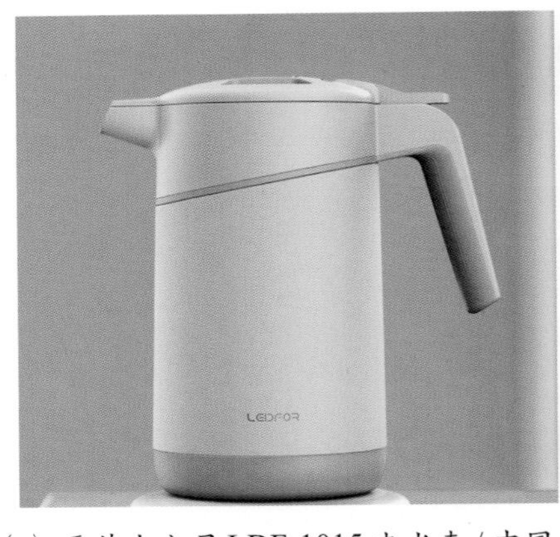

(a) 雷德夫公司LDF-1015电水壶/中国　　(b) 多处采用同心圆造型的概念自行车

图2–9　形态的过渡与呼应

（1）增加形体的条理性，体现出秩序、和谐、整体的美感。

（2）有利于产品的标准化、通用化和系列化，如图2–10所示。

（3）过分的统一会使造型显得刻板单调，缺乏艺术的视觉张力，所以统一中需要有变化。

变化是指事物各部分之间相互矛盾、相互对立的关系。变化对于产品形态的影响体现在以下几方面。

图 2-10 Vipp 厨卫产品系列 / 丹麦

（1）使产品形态中产生一定的差异性，产生活跃、运动、新异的感觉（差异感）。
（2）使形体具有动感，克服呆滞、沉闷感，重新唤起新鲜活泼的韵味。
（3）过度的变化将导致造型零乱琐碎，造成视觉上的不稳定与混乱。

统一与变化是一组相对的概念，存在于同一事物中。

（1）统一与变化不能平均对待，必须有主次之分，为主者体现统一性，为辅者起配合作用，切忌不同形体、不同线型、不同色彩的等量配置。

（2）统一中求变化，变化中求统一，即运用对比、调和、主从、呼应、过渡、韵律、节奏等处理手法。

（3）统一与变化是事物矛盾的对立面，两者相互对立、相互依赖，构成万事万物的不同形态。

简而言之，统一是主流，变化是动力；变化必须在统一中产生，变化必须服从统一；统一与变化是诸多法则中总的形式规律。

在实际设计中还需注意，有些产品是在统一的前提下求变化，目的在于改变造型的平淡；而有些产品是在变化的前提下求统一，目的是在复杂中求和谐。

2.2.3 对比与调和

对比是指把反差很大的两种视觉要素配列于一起，使人感受到鲜明而强烈的感触，它能使主题更加鲜明，视觉效果更加活跃。对比关系主要是通过视觉形象色调的明暗、冷暖，色彩的饱和与不饱和，色相的迥异，形状的大小、粗细、长短、曲直、凹凸、厚薄，方向的垂直、水平、倾斜，数量的多少，排列的疏密，位置的上下、左右、高低、远近，形态的虚实、黑白、轻重、动静、隐现、软硬、干湿等多方面来达到的。

调和是指，当两种及其以上构成要素共同存在时，若构成要素差距过大称为“对比”，且构成要素相近，则能产生共同秩序，使两者达到调和的状态。产品设计中的调和可针对色彩、造型，也可以针对材质。图 2–11 所示为手表设计，内部复杂的机械零件与硬朗极简的表带构成了简与繁的对比，深邃的黑色则起到调和的作用。图 2–12 中，餐盘与碗存在明显的色彩对比，但相似的轮廓线则起到了调和的作用。

图 2–11　手表设计中简与繁的对比／玺佳公司全镂空机械表／中国

图 2–12　餐盘与碗的色彩对比

图 2–13　产品设计中的对称／Ctrl–X 剪刀／Alessio Romano／意大利

图 2–14　时光灯／任堋／中国

2.2.4　对称与均衡

对称形态在视觉上有自然、安定、均匀、协调、整齐、典雅、庄重、完美的朴素美感，符合人们的视觉审美习惯。对称可分为点对称和轴对称。假定在某一图形的中央设一条直线，将图形划分为相等的两部分，如果两部分的形状完全相等，这个图形就是轴对称图形，如图 2–13 所示的 Ctrl-X 剪刀，可站立的形象是典型的轴对称产品。假定针对某一图形，存在一个中心点，以此点为中心通过旋转得到相同的图形，即称为点对称图形。

均衡并非是绝对的对称，而是根据形象的大小、轻重、色彩及其他视觉要素的分布作用于视觉判断的均衡。通常以视觉中心（视觉冲击力最强的地方的中点）为支点，各构成要素以此支点保持视觉意义上的力度平衡，如图 2–14 所示。

2.2.5　比例与尺度

关于比例与尺度问题，文艺复兴时期意大利建筑大师安德烈·帕拉迪奥和20世纪建筑大师柯布西耶都曾有过重要的理论著述。而在现代设计中，设计师仍然需要不断地确定各种造型和尺寸问题。日本建筑理论家富永让认为："虽然不能寄希望于比例方法具有的神秘力量和完美性质，但是采用数学和几何学的规律来推动创作仍然具有重要的意义。很多设计师在绘图和制作模型过程中不断地对比例进行探讨和修正，将某些特殊的比例渗透在作品中。"

下面分两个部分来讲解比例和尺度，一是特殊比例矩形的特征，二是一组关于控制比例与尺度的工具。

1. 特殊比例矩形的特征

在产品形态设计过程中，矩形是最常用的基本形之一，一些矩形长、短边之间具有特殊的比例关系，从而形成优雅的视觉效果，并且它们之间存在完美的比例转换关系，是产品形态设计中的协调因子之一。这些矩形包括：黄金比例矩形、根号比例矩形、最佳阅读比例与最佳视频比例矩形。下面一一讲解它们的特征，限于篇幅，此处不详细说明各种矩形的画法，请大家自行查阅相关资料进行学习。

（1）黄金比例矩形。

黄金比例是正五边形的边长与对角线之比，它与斐波那契数列有密切的关系，其值为0.618。经研究发现，黄金比例广泛存在于自然界，是一种最容易引起美感的比例关系。

黄金比例矩形的对角线垂直，在分割中有很多相似形。黄金比例和黄金涡线的应用较广，黄金比例矩形主要有如图2–15所示的两种画法。

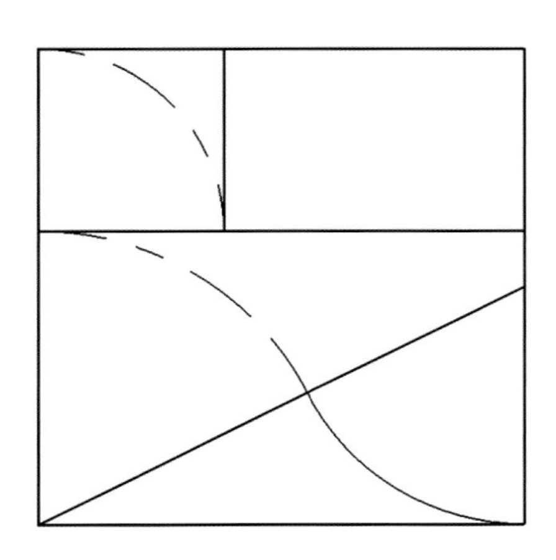

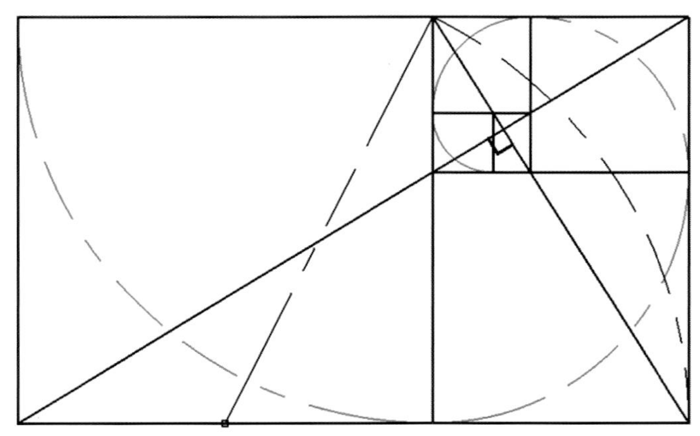

图2–15　黄金比例矩形画法示意图

（2）根号比例矩形。

根号比例矩形画法示意图如图 2–16 所示。

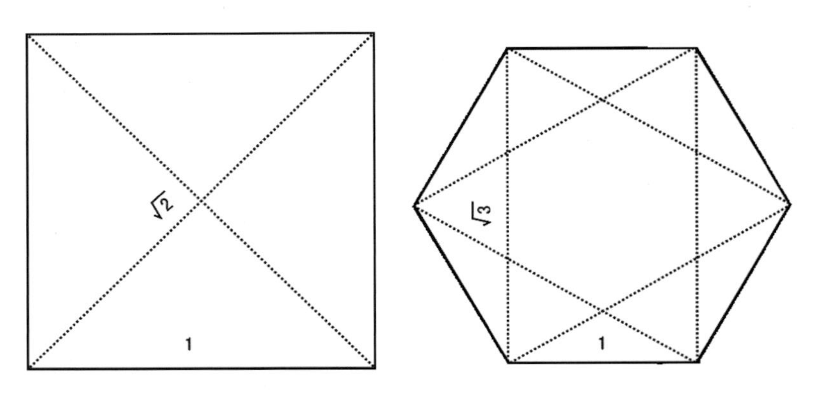

图 2–16　根号比例矩形画法示意图

（3）最佳阅读比例与最佳视频比例矩形。

最佳阅读比例是 4∶3，最佳视频比例则是 16∶9，这两种比例的矩形在书籍装帧、版式设计以及具有视频播放功能的产品设计中较为常见。

2．控制比例与尺度的工具——模度和控制线

20 世纪 40 年代，建筑大师柯布西耶发现了两个问题：一是视觉设计缺乏一种像乐谱一样可供创作参考的度量工具；二是经济全球化之后，英制和米制体系难以调和，设计界急需统一的度量系统。为了解决这些问题，柯布西耶耗时 7 年设计了模度系统。他以标准人体身高 1828mm（6 英尺）为基准，以手举起的高度 2260mm、肚脐眼的高度 1130mm 以及站立时手垂下的高度 863mm，参考斐波那契数列进行插值处理，得出了两组近似黄金比例的数列（单位：mm），称为红尺和蓝尺。红尺为 6，9，15，24，39，63，102，165，267，432，698，1130，1828 等；蓝尺为 11，18，30，48，78，126，204，330，534，863，1397，2260 等。这两组尺度以及它们组成的图形系统就被称为模度系统，如图 2–17 所示。

模度不仅是一套尺度系统，也是尺度控制工具，它的应用能使视觉形态更加符合人体尺度，并同时具备和谐的比例关系。除模度外，柯布西耶经过研究欧洲古代建筑，发现其中有一种用来控制比例的技巧，以米开朗基罗改造的罗马老市政厅为例（图 2–18），其建筑立面分割中存在很多平行或者垂直的对角线，这使得其中的矩形大多是相似形。柯布西耶称这种方法为控制线（也有的翻译为基准线）。柯布西耶所说的控制线指的是一组在形态设计中用来控制整体与局部、局部与局部之间视觉关系的线条，其原理来自黄金矩形的规律：一组黄金矩形中的对角线总是相互垂直或者重合。

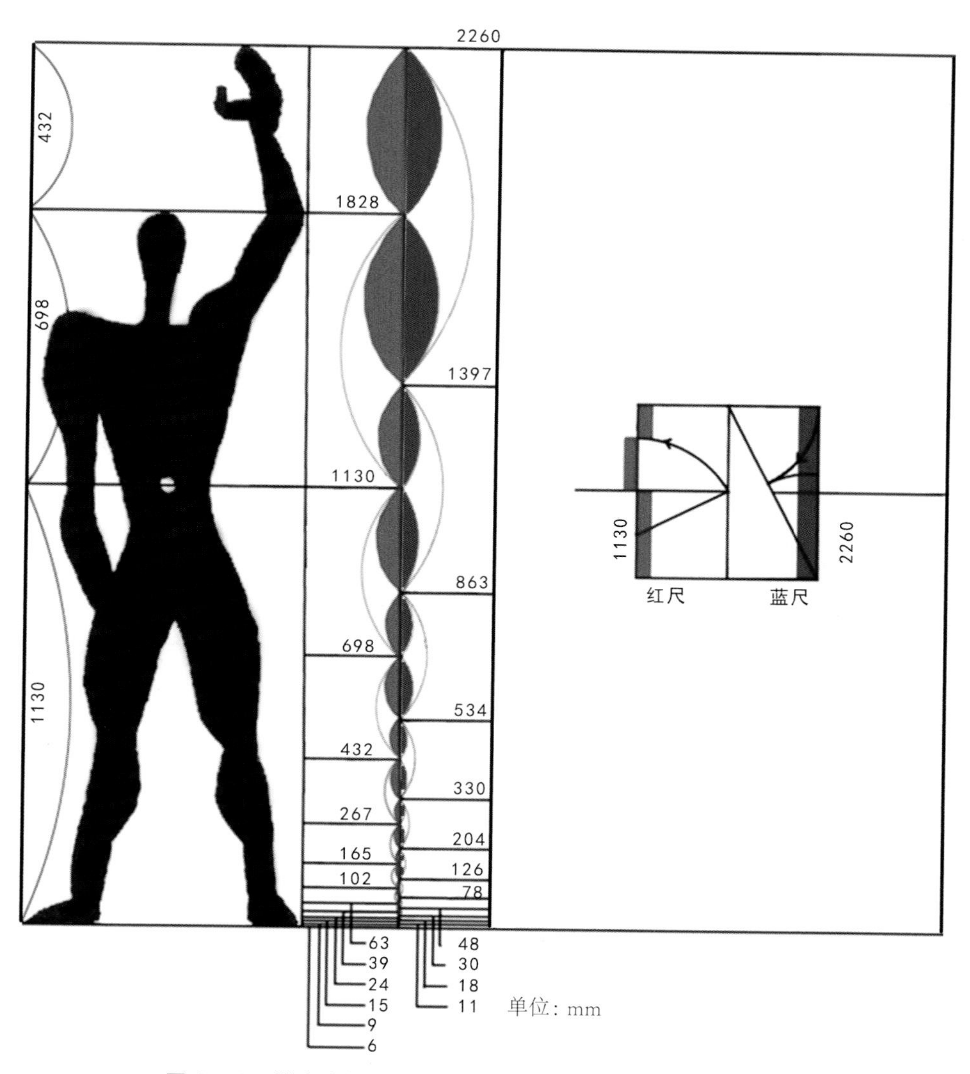

图 2–17　模度和控制线示意图 / 柯布西耶著《模度》/ 法国

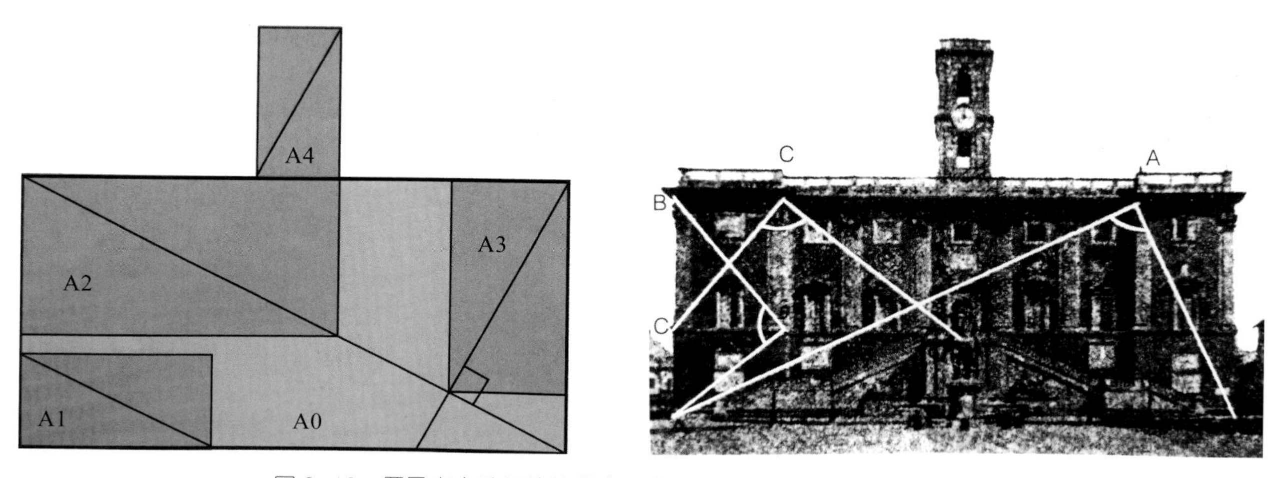

图 2–18　罗马老市政厅建筑模度示意图 / 柯布西耶著《模度》/ 法国

后来，这样一组平行或垂直的对角线成为柯布西耶最常用的一种控制线。以他设计的斯坦因别墅为例（图 2–19），其墙体、窗户、转折结构的对角线几乎都相互平行或垂直，甚至背面楼梯与整体轮廓对角线的倾斜角度也一致。因此，建筑中出现了大量相似形，这使整体与局部、局部与局部之间的关系更和谐，也增强了形体的韵律感。

其实，不必拘泥于模度红、蓝尺的黄金比特性，只要将一组矩形的对角线设置为平行或者垂直，那么它们就是相似形，这为我们对任意矩形进行组合与分割提供了一种依据。以图 2–20 为例，对矩形进行分割，其中 A、B、C、D 的分割中，出现了局部与局部，或局部与整体的相似形，而 E 的分割则显得比较随意。

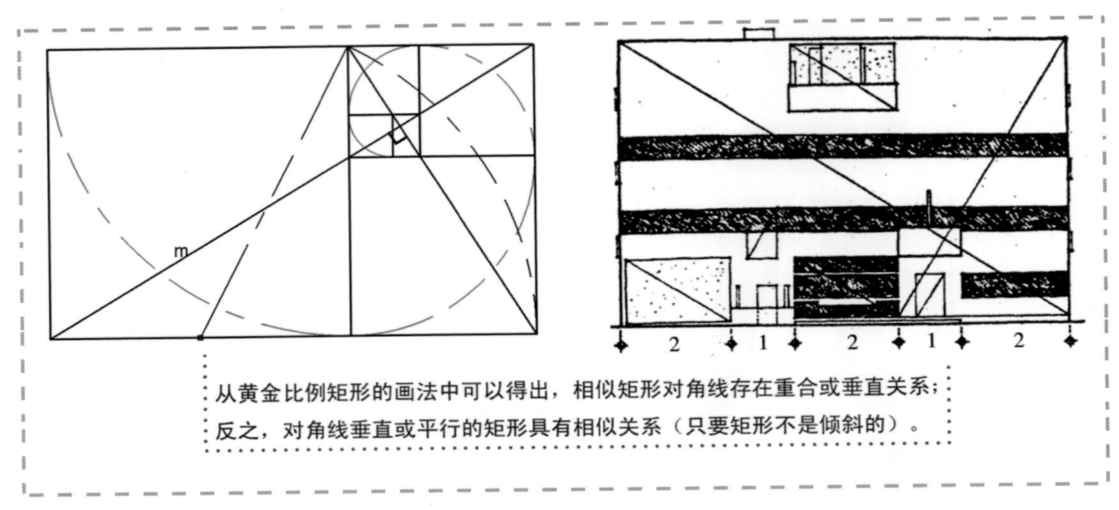

图 2–19　斯坦因别墅黄金矩形与控制线示意图

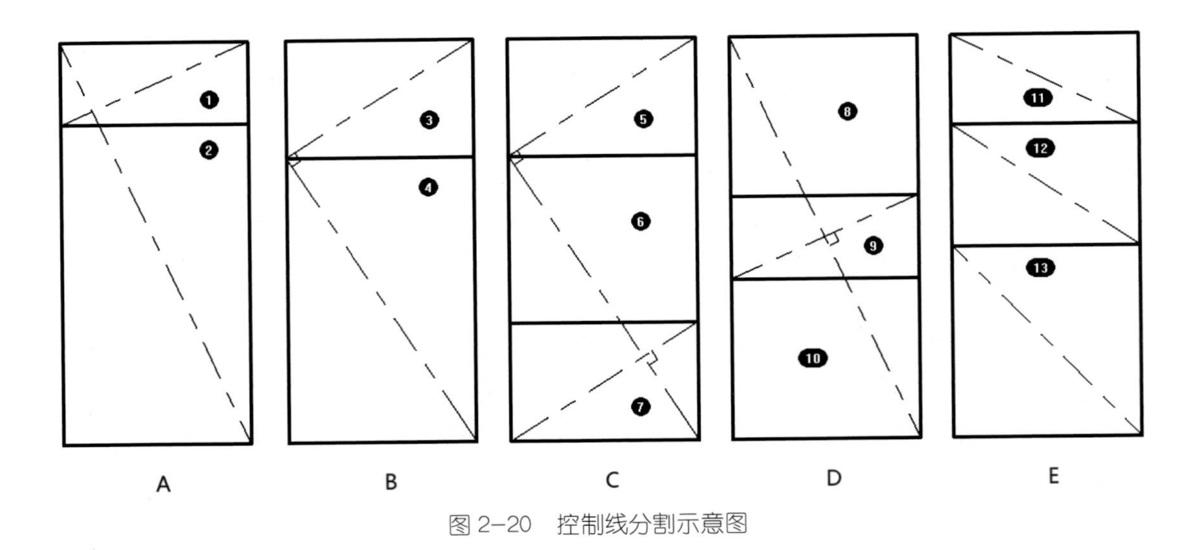

图 2–20　控制线分割示意图

在模度和控制线被创造出来之后，柯布西耶运用它们进行了大量卓有成效的设计实践，证明了模度和控制线对控制比例、调整尺度以及调节视觉元素之间关系的有效性。

柯布西耶称：“模数（后来发展为模度）用于度量，而基准线（即控制线）用于构图并提升人们的满意度。”模度和控制线的出现对现代建筑界产生了很大的影响，《模度》一书被翻译为多种语言。

最初，模度和控制线的应用范围主要是建筑设计。这就存在模度与控制线是否适用于工业设计的疑问。其实，在《模度》一书中，关于模度适用于建筑的说法，柯布西耶补充道：“我所说的建筑概括了几乎所有来建造的对象。”他明确地指出：“模度应该如同它在建筑领域的应用一样，也应用到机械领域。最终，一台机器是通过一个人来运转的，它完全取决于使用它的工人的操作行为，因此它应该属于人类尺度的”。这些都表明，模度和控制线可以用于工业产品的形态设计。

由于模度与人体工程学之间的关系密切，一些大型的产品，如大型交通工具，家具（如衣柜、书柜、橱柜等），机电设备等，可以像建筑一样直接应用红、蓝尺。体积较小的产品，则需要根据产品特征重新设计模度。比如小型电器产品，可以根据斐波那契数列设计新的、更适宜产品本身的红、蓝尺来调节它们的比例和尺度。下面以一款碎纸机设计为例（图 2–21），讲解如何在产品形态设计中应用模度和控制线。其中两个黄金比数列 M、N 就是重新设计的模度，红色的平行或垂直的对角线使得形体分割后各部分的比例关系相等，如图中顶视图比例为 M2∶M3，等于主视图比例 M1∶M2，图中最右侧的矩形被分割成上、中、下 3 个矩形，上面两个矩形相等，比例为 N2∶N3，与下面的矩形比例 N1∶N2 相等，而模度中斐波那契数列的特征使得这些相似形都接近公认的、最美的黄金比例。

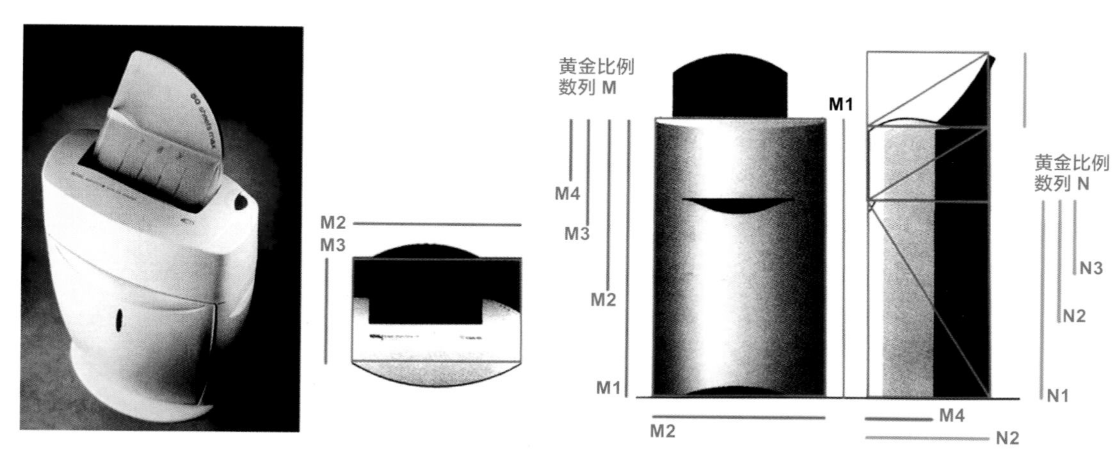

图 2–21　碎纸机 / 尚淼主编《产品形态设计》/ 中国

柯布西耶应用最广的控制线是平行或垂直的对角线，主要用于为建筑中有明显几何体块特征的形态组合分割提供依据。实际上，产品设计中的控制线会复杂得多，在三维视觉形态（包括产品、建筑、雕塑等）设计中，曲面形态越来越复杂，因此控制线的内涵自然而然地需要拓展。

下面以课堂练习实例——电热毯控制器设计来说明产品曲面造型中控制线的应用。图 2-22 中较长的蓝色 C 形消隐线，上端与屏幕外框椭圆相切，下端逐渐消失，其下端的倾斜形态被当作一个主体特征，滑钮轨道设计也是消隐线的延续，控制器的强度指示图案以及其他的 4 个按钮斜向排列，与被当作主体特征的 C 形消隐线的下端平行。这样，几乎所有的元素因为存在平行的关系而被统一起来了，这条 C 形消隐线就是这个电热毯控制器中的控制线，这里控制线的存在形式就比较灵活了。

再来看一个例子，图 2-23 所示的水壶造型圆润，分析其造型发现，这个水壶是通过对圆球直接切割而得，而且在切削之后，又形成与圆球一体的提手，壶嘴刚好在圆球的切线上，使整个水壶看起来非常协调，浑然一体，整体感很强。

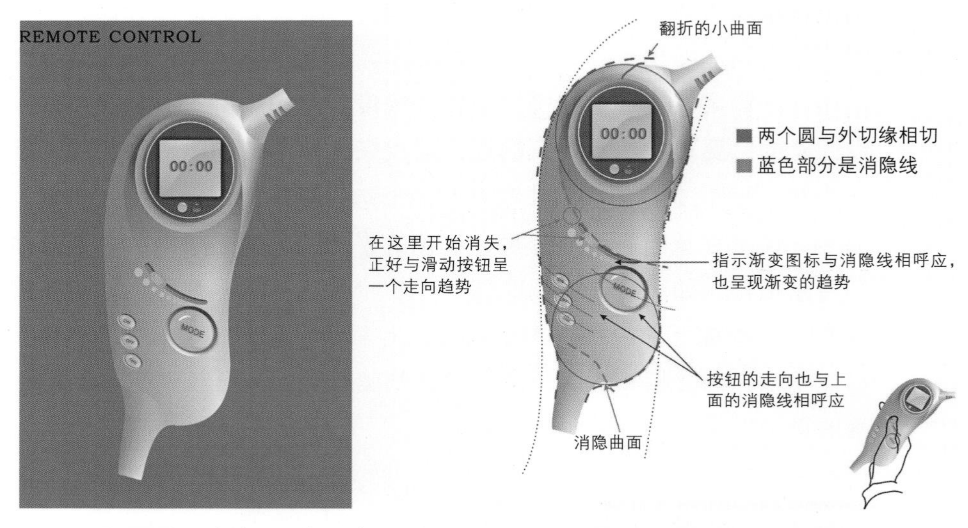

图 2-22　电热毯控制器中的控制线 / 武汉科技大学郝芳芳设计 / 中国

图 2-23　产品设计中的控制线 / 金伯利·伊拉姆著《设计几何学》/ 美国

由以上例子可以看出，当主体形态特征不是简单几何体块的时候，控制线的存在形式就较为自由，不再是对角线，但依旧保持着控制线的基本功能，即控制线的存在是为了将各视觉元素之间、整体与局部之间通过某种关系有机地联系起来。这种关系可能是同心、聚集、平行、垂直，也可能是相似。构建这些关系的可能是对角线，也可能是轮廓线、面与面的交界线，甚至是具有装饰作用的消隐线。

在产品设计过程中，使用模度与控制线还需理解以下两个问题。

（1）使用模度与控制线有什么优越性？编者以为，在视觉形态设计中使用模度来控制比例与尺度具有先天的优势：一是因为斐波那契数列所具备的等比与递加关系，把模度应用于视觉形体之后会出现一系列黄金比例，此外还会出现多组“重复”“渐变”等和谐的构成关系；二是因为模度的基础源于人体尺度，根据它设计的形态更容易满足人体工程学的要求。

（2）模度与控制线都属于“理性”的控制工具，如何处理设计中感性与理性的问题？其实，在模度创立之初，柯布西耶就表明过他的立场，他认为，不管是什么理性的工具或公式，如果影响到设计创作的自由，即使它们是黄金比例，如果看上去不舒服，那么也应该放弃它。也就是说，模度和控制线都只是帮助进行创作的工具，不能指望依靠它去解决形态设计中的所有问题。柯布西耶称控制线是“防止陷入混乱的安全阀”，是“确定作品的基本几何学形式的手段”。同时，他指出模度和控制线反对的是任意性，不会扼杀创造力，不能将“任意”等同于“创意”。

2.2.6 节奏与韵律

节奏原指音乐中音响节拍轻重缓急的变化和重复，在设计上是指以同一视觉要素连续重复时所产生的运动感。韵律原指音乐（诗歌）的声韵和节奏。诗歌中音的高低、轻重、长短的组合，匀称的间歇或停顿，相同音色的反复，以及句末、行末利用同韵、同调的音相加，以加强诗歌的音乐性和节奏感，这就是韵律的运用。视觉形象中单纯的单元组合重复容易趋于单调，将有规则变化的形象或色彩以数比、等比形式进行排列，使之产生音乐、诗歌般的旋律感，称为韵律。有时候，节奏感的形成是出于结构的需要、功能的需要或产品语义的需要（图 2–24）。

图 2–24 产品设计中的节奏韵律 / 上海三一精机有限公司 / 中国

上述形式美法则是人们在长期创造美的活动中逐渐总结而来，具有很强的稳定性和生命力。随着时代的发展，形式美法则也将不断发展、深化。因此，这不是僵死的教条，要在体会的基础上灵活运用。就产品形态设计而言，遵循形式美法则可以让设计师的思维清晰而有序，更加高效地完成设计任务。当然在实际设计中，形态不是孤立存在的，它往往与结构、材料、制造工艺、企业理念、市场需求、人机工程学等诸多因素相互影响，因此面对具体设计问题的时候还需具体分析。

单元训练和作业

练习题

1．花瓶造型设计训练

设计一条曲线，利用 Rhino 中的“旋转成型”工具制作一个花瓶。

要点提示：注意曲线的曲率变化及瓶身粗细对造型美感的影响，难点在于理解线条与美感之间的关系。

线、面综合练习

2．形体组合（切割）训练

选择正方体、圆柱体、圆管、圆锥体、圆台等基本几何体中的其中 3 个进行组合或切割，得出 10 种不同的造型。

要点提示：注意体块之间的楔入、支撑、贯穿等关系，还需注意其主次关系。

3．线、面结合的产品形态改良训练

选择一款现有产品（如咖啡机、电动工具或印刷机等），搜集不少于 20 款同类产品，分析其正视图或侧视图中线、面的造型特征，然后对其进行改良设计。

要点提示：重点运用形式美法则、比例理论、模度与控制线等知识，此外还需考虑材料与制造工艺对造型的影响。

思考题

以一件家用电器为例，结合材料和制造工艺知识思考产品中的点、线、面是如何加工出来的?

第三章

产品形态设计的相关知识与典型案例

课前训练

内容：寻找一款自己没有操作经验的产品（如烤箱等），在不阅读说明书的情况下，通过产品本身的造型、结构、图案符号猜测它的使用方式，然后分析该产品的设计语义是否合理，材料运用、结构设计是否得当，当产品生命周期结束后废品如何进行处理。如果现在需要对它进行改良设计，你会怎么做，请说出你的设计思路。

注意事项：注意选择自己并不熟悉的产品，这样能避免习惯性的认知对思路的阻碍。

要求和目标

要求：理解产品语义学的知识并能合理运用；

理解设计与文化之间的关系；

理解产业与设计之间的关系；

理解材料工艺与产品形态设计之间的关系，能够选择合适的材料与工艺实现设计目标，能通过巧妙的结构设计弥补材料性质的不足；熟悉生态环境材料，能够运用它们实现绿色设计。

目标：熟悉影响产品形态的社会、经济、技术因素及相关设计理论知识。

本章要点

产品语义学、设计文化、产业链、材料工艺与产品形态设计之间的关系。

本章引言

产品形态设计受到产品语义学、人体工程学、设计文化、材料工艺等多方面的影响，本章将一一展开说明。

3.1　产品形态中的语义学

产品语义学（Product Semantics）在产品形态中的应用，其重点是解决设计的易用性问题。通过语义学的应用，可以实现产品的功能寓意、操作提示及象征隐喻。

3.1.1　产品语义学

半个多世纪以来，符号学（Semiotics）已经迅速发展成为我们认识事物、了解事物、分析事物、创造事物的一个基本方法和工具之一，成为普遍性的方法论。符号学的分支——产品语义学已经成为产品设计的重要方法论和设计工具。

1. 产品语义学的本质

先看两幅异曲同工之妙的漫画（图 3−1）：左图描绘的是一个强盗雪人手持一个电吹风打劫另一个雪人；右图描绘的是一位女士刚刚洗完头，湿淋淋地伸出手让丈夫把电吹风递给她，而她的丈夫不怀好意地递过一把手枪。漫画的幽默之处正在于手枪和电吹风之间的语义转换；一个用电吹风来模仿手枪，一个用手枪来模仿电吹风——它们之间是如此相似，以至于在使用时有着极为相似的动作和姿势。唯一不同的是，在正常情况下，手枪不会对准自己。

图 3−1　趣味漫画展示的产品语义 / 黄厚石《设计原理》/ 中国

但是，把一支像手枪一样的电吹风对准自己的头部，是否是一件惬意的事情呢？尽管人们已经适应了这种产品的形式，但是否还有更好的办法呢？荷兰设计师格里纽维奇（Alexander Groenewege）应邀为 PHILIPS 公司设计一款电吹风（图 3−2），他反对电吹风采用手枪的造型，曾这样说道："人们所希望得到的是对双手与眼睛来说都十分适宜的产品。电吹风是一种要靠近头部的产品，因此稍微有头脑的人都会拒绝看起来像手枪的设计。"为此，他设计了一种寓意为"扇"的电吹风。这种看起来形状像"扇子"的电吹风完全摆脱了原先的设计思路。从设计的语意上来理解，扇子和电吹风之间有着更加紧密和

图 3–2　电吹风 /PHILIPS 公司 / 荷兰

丰富的语义联系：同样的功能、同样的对象、同样的动作。以人们熟悉的形式为扇子赋予新功能的另一个原因，是为了向使用者“解释”这一新功能，其做法是将新功能与某些具有传统特殊形式的原有功能相类比。例如，尽管我们对在电影《星球大战》中天行者卢克手中挥舞的武器一无所知，但当它被赋予（会发光的）剑或权杖的外形时，我们就知道它的功能了。

产品语义学是研究产品语言（Product Language）的意义的学问。其理论架构始于德国乌尔姆造型学院 1950 年开始的“符号运用研究”，更远可追溯至芝加哥新包豪斯学校的查理斯·莫理斯（Charles Morris）的记号论。这一概念于 1983 年由美国的克里彭多夫（Klaus Krippendorff）、德国的布特（Reinhart Butter）明确提出，并在 1984 年美国克兰布鲁克艺术学院（Cranbrook Academy of Art）由美国工业设计师协会（IDSA）所举办的“产品语义学研讨会”中予以定义：产品语义学乃是研究人造物的形态在使用情境中的象征特性，以及如何应用在工业设计上的学问。

2．产品是一个符号系统

从传播学的角度来看，产品设计、销售、使用的整个行为过程可以被看作是一个信息传播的过程。一种产品就是一个信息系统，它包含着产品技术信息、价值信息等内容。产品信息传播是通过产品设计语言进行的，这种设计语言凝结在产品的形态、结构上，就形成了一个个设计符号（Symbol）。这样的一系列的设计符号的有机结合就形成了产品，从这个意义上来说，产品是一个符号系统。

而产品作为一个符号系统，凸显出两个层面的意义：外延意义和内涵意义。所谓外延意义是指那些确定的、显在的或者常识性的意义。对于产品符号而言，产品的符号形象直接说明了产品的本身内容（看得见、摸得着、听得到），例如电视在外延上代表的是“可提供声音、影像的电子产品，包括屏幕及喇叭”（图 3–3）。产品符号的外延意义是社会成员约定俗成的，是客观的、相对稳定的。

针对产品和产品使用者来说，符号起到了两方面的作用：提示产品的使用功能和提示产品的操作方式。

（1）符号提示产品的使用功能。

产品的功能是指产品与人之间那些能够满足人的某种需要的实际用途或者使用价值。例如陶瓷碗可以用来盛放食物、椅子可以用来休息、汽车可以用来运人载物等。产品的使用功能是通过组成产品的各部件的结构安排、工作原理、材料选用、技术方法以及形态关联等来实现的（图 3–4）。

图 3–3　QLED 光质量子点电视 Q9F / 三星公司 / 韩国

图 3–4　具有大块面外形的产品设计，包含“支撑面”的语义，令人联想到坐、放、书写等寓意 / Simonas Palovis / 立陶宛

（2）符号提示产品的操作方式。

如何使产品更易于操作和被用户认同，已经成为产品成功的关键所在。设计师运用设计符号揭示产品复杂的功能和操作程序，增加产品自我调节的机会；并将产品的正确操作方式传达给用户，帮助用户充分了解产品的特性与功能，改善产品与用户之间的互动关系。图 3–5 为具有不同操作方式（按压、旋转）的卫浴控制钮。

图 3–5　具有不同操作方式（按压、旋转）的卫浴控制钮 /Sunghoon Park/ 韩国

“好的产品自己会说话”，设计师要充分利用“行为经验”和理解的逻辑关系，使产品的每个部位、每个旋钮开关都会自己“说话”，“讲述”自己的操作目的与方式。

内涵意义：内涵指的是符号或语义与指称事物所具有的属性、特征之间的关系。通常指符号中所包含的个人的情感联想、意识形态或者社会文化背景等不能直接体现的潜在关系。

对于产品的使用对象或者目标人群来说，符号起到了以下 3 方面的作用。

（1）个人层次：通过物品的联想带来情感的共鸣。
基于用户记忆和个人经验的物品联想，常常很容易引起用户的情感共鸣。抱枕灯具（图 3–6）柔化了电子产品的冷漠感，用户在使用中可以感受到设计师对人情感体验的关怀。产品符号的情感意义一般是非“功利性”的，它可以唤醒人们某种积极的联想。

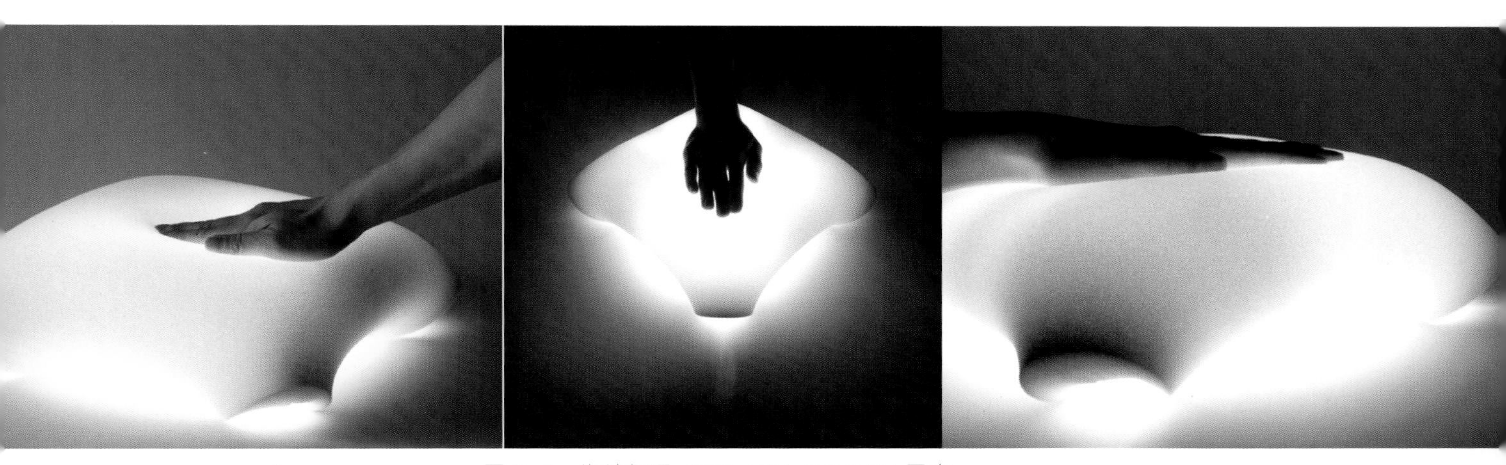

图 3–6　抱枕灯具 /Takaaki Oguchi/ 日本

（2）社会层次：通过身份的认同达到群体的归属感。
产品符号在社会层次上的内涵意义表达了“物”的拥有者的社会地位、阶层归属及其独特的生活方式，由此获得相应的身份认同。在产品符号化的过程中，社会功利性的内容凝结为形式要素，这些形式要素会唤起用户对相应社会功利内容的感性态度。产品的品牌形象即是如此，如 MINI、B&O（图 3–7）、BMW、IBM、Alessi 等。

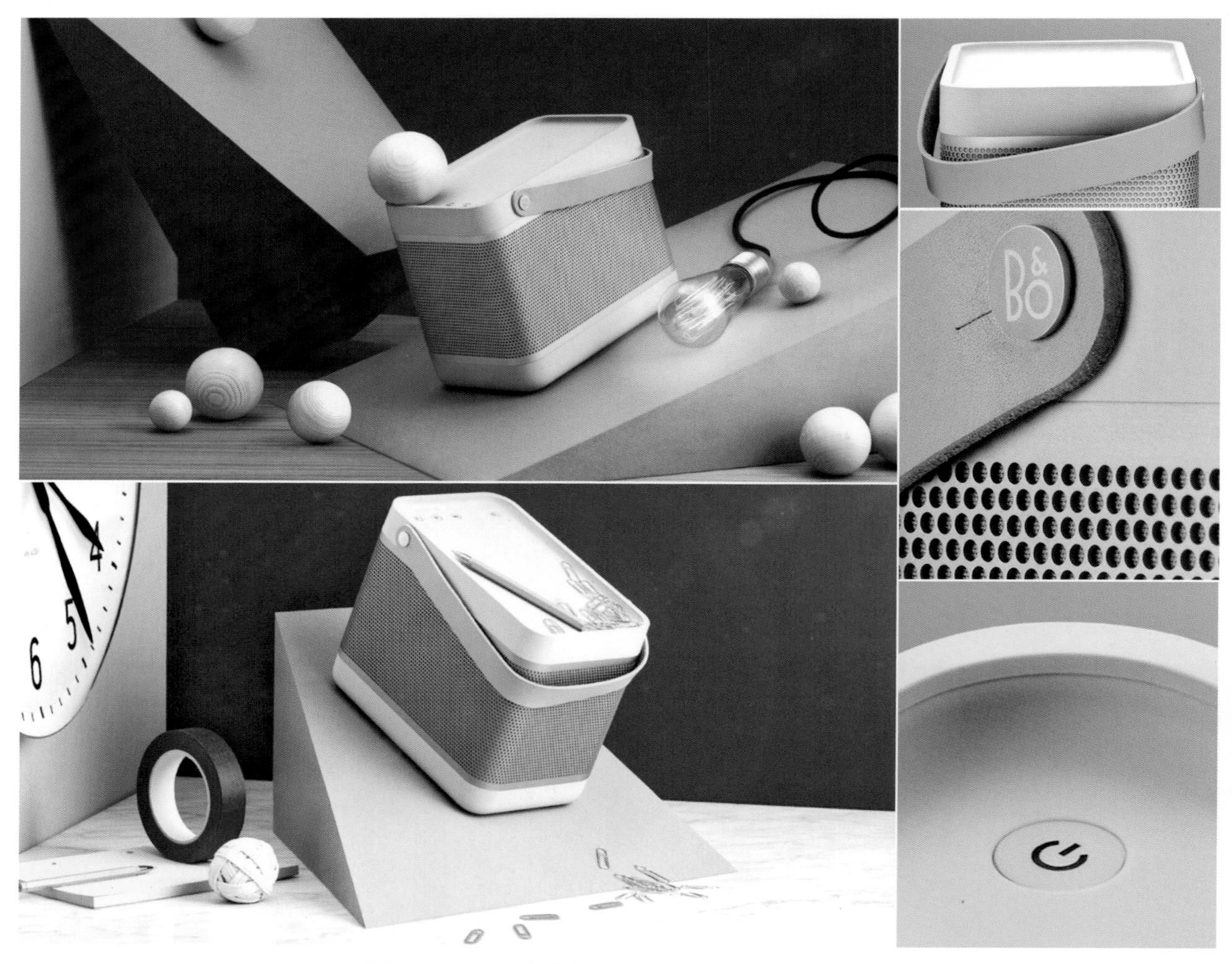

图 3-7　B&O 音箱设计 /B&O 公司产品 / 丹麦

（3）人类层次：通过历史文化的脉络引起时代精神的共鸣。

产品不仅仅是一件具有使用价值的工具，更体现了社会和科技进步的成就。设计师的态度及用户对产品的理解，成为其文化源头、历史沉淀、地域标志等历史文化脉络的“镜像”。例如，彩陶给我们的启示绝不仅仅是简陋的工具、器物的造型纹饰，而是包含了其背后的生产方式、生活方式，以及当时的人们对自然的理解和态度。

以“上下”品牌“桥”系列竹丝扣瓷茶具设计（图 3-8）为例，“桥”系列茶具使用了源自古代传统器型的桥形钮，纤细轻巧，与茶壶的造型完美融合。“桥”寓意“联系”，因茶而欢聚，茶香袅袅，暖意融融。无论是一壶好茶还是一套好的茶具，都是联系家人与好友的纽带。这个系列包含通用茶具和配套的花瓶与烛台，将白瓷与精巧的竹编工艺巧妙结合。竹编工人用一把简单的刀，把竹子劈成不到半毫米的细丝，再精心编织覆盖茶具表面，大件的茶具需要十多天才能完成。竹编赋予这套茶具保温隔热的功能，也使其更显珍贵。

图 3-8　“桥”系列竹丝扣瓷茶具设计／“上下”品牌产品／中国

3．符号结构

符号首先要具备符号表现的特征。符号表现是指符号能被感知的存在方式。符号的表现我们称之为“能指”（Signifier）；符号表现所传达的意思我们称之为“所指”（Signified）。例如国徽，其造型图案就是它的“能指”，它所代表的国家的概念就是它的“所指”。一个符号包含“能指”和“所指”两个方面（图 3-9）。从这个意义上来说，产品的形态可以看作是设计符号的“能指”，它所承载的意义就是设计符号的“所指”。

4．设计符号的传播方式

设计符号在传播中需要一定的语境，即双方共同的符号信息环境，语境是符号流畅传达、充分被理解的基础。在产品设计中，语境是指设计师、消费者双方共同存在其中的社会文化环境，设计符号的编码要符合社会文化语境的逻辑，便于信息接收者对设计符号进行诠释（图 3-10）。产品形态的设计符号在很多情况下是没有固定的符号构成和组合规则的，这就需要设计师对消费者的语境有良好的把握。

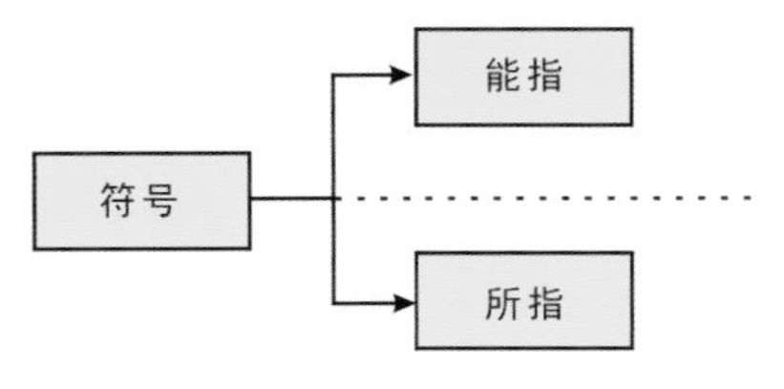

图 3-9　符号的“能指”与“所指”

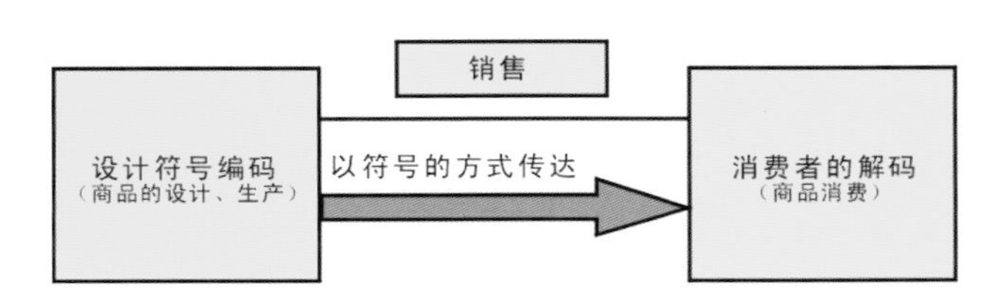

图 3-10　设计符号在一定语境中的编码与解码

5. 隐喻的设计手法在产品语义学中的应用

(1)隐喻。

隐喻(Metaphor)一词源于希腊语，Metaphor 的两个词源：meta 指“超越”，pherein 指“传达”，Metaphor 在希腊文中的意思是“意义的转换”。隐喻是指用源域(Source Domain)的概念去表述目标域的修辞行为，在符号学中它被广泛地转借到语言学以外的其他领域。

从图 3−11 可以看出，隐喻是指通过对与本事物有相似性或相关性的其他事物的参考而获得概念或者意义的转换，将其他事物的一部分属性转移到本事物中，使本事物获得全新的阐释。

(2)隐喻的作用机制。

隐喻的基础是相关性，包括形态的相似性和逻辑的相关性，通过这两种方式中的其中一种或者合并使用激起观者的反应，获得观者的感受在作品上的投射，从而获得概念、意义上的传达(图 3−12)。

通过隐喻的设计手法能够实现揭示产品功能、提示产品操作、传达用户情感，表现文化传统的目的。

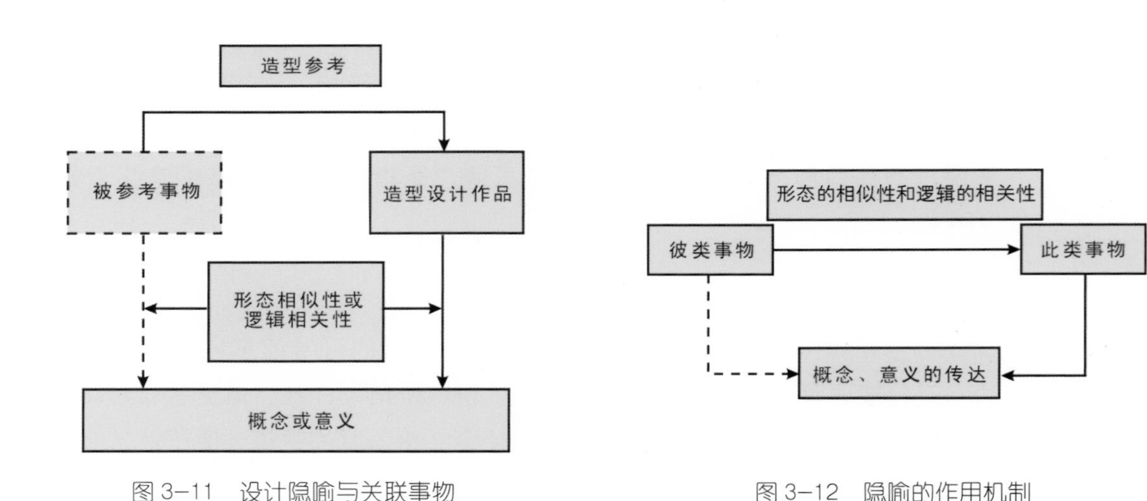

图 3−11 设计隐喻与关联事物

图 3−12 隐喻的作用机制

在网络上，红极一时的星巴克猫爪杯(图 3−13)，其不同寻常的地方是杯中猫爪的轮廓特征会在倒满饮料之后，让人产生萌化的趣味联想。此产品应用了猫咪的形态衍生，迎合了当代年轻消费群体崇尚二次元及其萌文化的消费心理特点，通过杯中盛放液体轮廓形态与猫爪形态特征的相似性，营造出一种萌化形态的趣味联想(图 3−14)。

图 3-13　星巴克猫爪杯

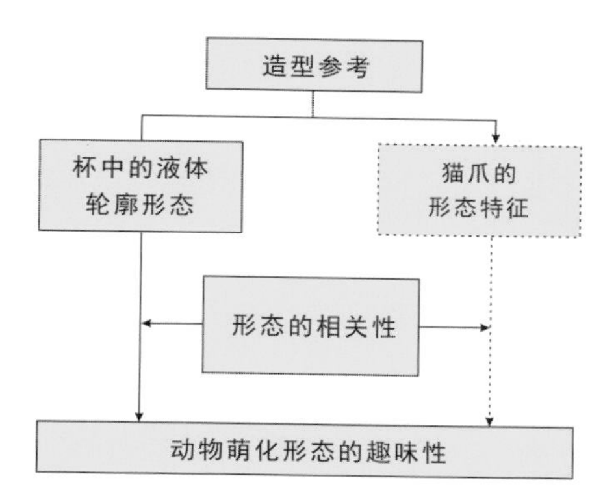

图 3-14　猫爪杯的隐喻设计示意图

3.1.2　语义产品的资料收集

1. 练习要求

收集具有一定设计创意的典型语义产品，既可以是已经商品化的产品，也可以是概念性的设计创意作品，按照隐喻的作用机制的结构图例分析产品的语义结构（图 3-15）。

2. 练习目的

锻炼基本的收集资料的能力，并能形成对于语义产品的初步理解，了解隐喻设计手法在产品中的应用。

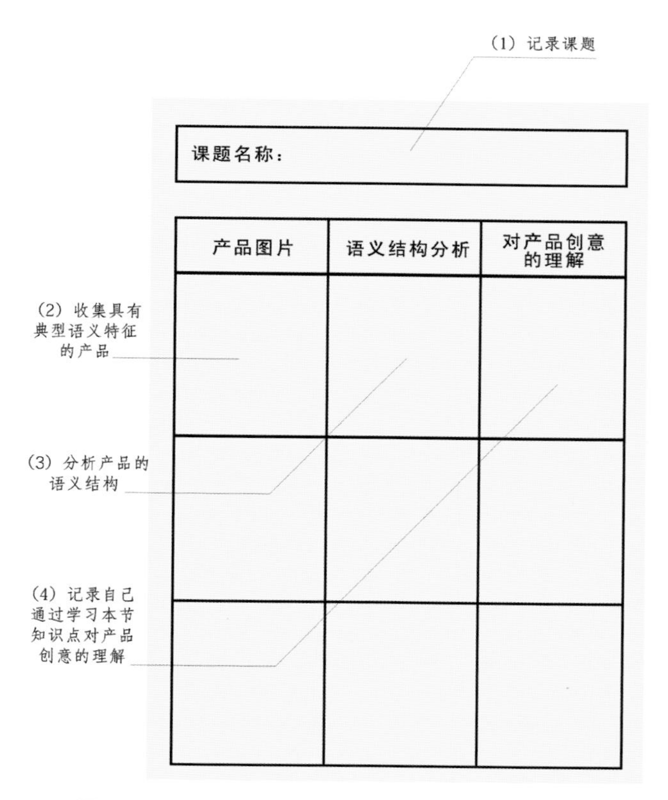

图 3-15　“语义产品的资料收集”作业版式图例

3.2 产品形态与文化

产品形态设计中的文化元素应用指的是对传统文化的传承，下面从全球化设计的大背景下带来对设计的深层次思考。

3.2.1 文化的层次

关于文化的定义众多，超过200种。英国的泰勒爵士在1871年写道："文化是包括知识、信仰、艺术、法律、道德、风俗以及作为一个社会成员所获得的能力与习惯的复杂整体。"大部分概念都认为文化存在于思想中，可以通过各种符号获得并传播它。另外，文化构成了人类群体各有特色的成就，包括造物的各种具体形式。文化的基本核心由两个部分组成：一部分是传统（即从历史上得到并选择）的思想，另一部分是与之有关的价值。

关于对文化的概念界定，费孝通认为文化包括3个层次。第一个层次是器物层，即人们生产、生活的工具。比如中国人用筷子、西方人用刀叉、印度人用手抓。第二个层次是组织行为层，包括这个社会怎样把个人组织起来，让单独的人能够结合在一起、在一个社会共同生活，以及他们之间怎样互动。组织行为层包含很多内容，比如政治组织、宗教组织、生产组织、国家机器等。第三个层次是价值观念层，人怎么想？什么可以接受？什么好？什么不好？3个层次不可分割，是一个有机的整体。

文化是通过人造符号与符号系统得以在空间与空间之间传递的，同时，人也不断地以"符号活动"的方式创造与发展着文化。符号化的思维和符号化的行为是人类生活中最富于代表性的特征，并且人类文化的全部发展都依赖这些条件。文化分层示意图如图3−16所示。

1. 外在有形层次

外在有形层次主要由产品界面本身设计的外观要素来体现，一般主要表现在色彩、质感、造型、线条、表面纹饰、细节处理等元素。

豆腐是中国的传统食物之一，这套"豆福"杯的设计灵感就来源于豆腐（图3−17），传统豆腐在售卖时以木板隔开，并切割成需要的块状，设计师借鉴这些外在的形态符号。茶杯开盖前就像一大块完整的豆腐，开盖后就像切开的小豆腐，可以和好友一边品茗，

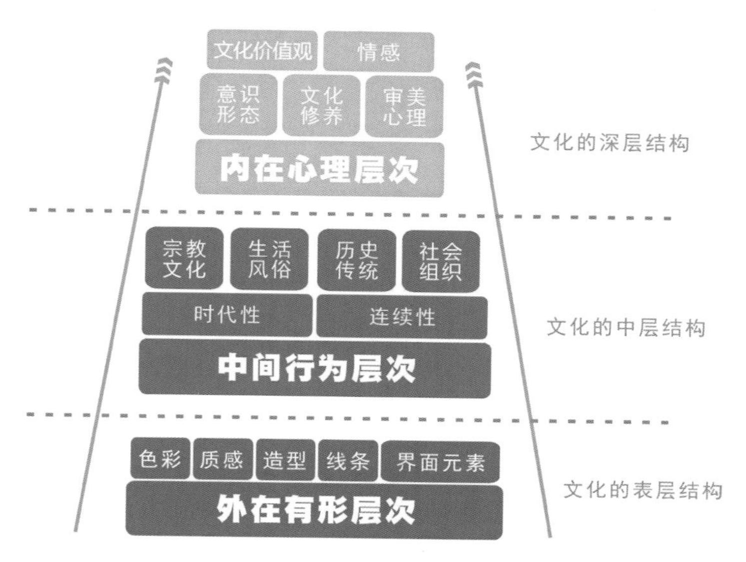

图 3–16　文化分层示意图

图 3–17　“豆福”杯 / 李尉郎 / 中国台湾

一边高谈阔论。同时，杯子的名字“豆福”取自“豆腐”的谐音，“福”字又传递了吉祥的寓意。这款产品体现了文化的外在有形层次。

2. 中间行为层次

文化的中层结构，一般具有较强的时代性和连续性，主要通过用户的一些行为习惯、宗教文化、生活风俗、历史传统、社会组织等人文因素体现出来。这一层面具有相对稳定的艺术表现手法，也是我们在设计界面时经常去捕捉文化表层元素的一个参考要素，当表层的文化底蕴足够深厚的时候，就开始向具有时代性和连续性的文化行为靠近。

这款樱花水印玻璃杯的不同寻常之处是杯底的樱花形状（图 3–18），使用时水滴沿着杯沿流下，在桌面留下花瓣状的水印，让人产生唯美的联想。樱花作为日本代表性的花卉，虽不如牡丹雍容华贵，不及梅花秀气聪慧，却透着一股质朴低调的美。一朵樱花并没什么惊艳之处，它的个性全淹没在集体之中，这种意境非常契合日本人“努力在任何简洁的形式中寻求永恒价值”的审美精神，表达了深远的文化意蕴。

“小笼包”调味罐设计是中国台湾“台客蓝”品牌的产品（图 3–19）。“台客蓝”品牌的含义在于：“台”寓意中国台湾本土的时尚工艺品牌；“客”意指客家人，汲取客家人勤劳、朴实、重视知识、生活融入自然的传统精神，并赋予其时代创意；“蓝”，时尚之意，蓝衫是客家人的传统衣着，在俭朴中透着高雅和质感。简、雅、实、尚，正是“台客蓝”所表达的时尚风格。置于蒸笼里的陶瓷器皿，乍看就像一锅小笼包。事实上，这 5 个“小笼包”不仅可用于装饰和观赏，还具有使用价值：可以用来装酱油、盐等调料。白色的壶身上没有任何装饰，有壶嘴的小壶用来装酱油或醋；有小漏洞的壶用来装胡椒粉或盐。这个“小笼包”组合，一改以往调味罐单调摆放在厨房某个角落的形象，它们走上餐桌，与食物产生联系；它们是餐桌上抢镜的配角，可以调节餐桌的气氛，让人们在品尝美食之余，也享受到了一场视觉盛宴。

图 3–18　樱花水印玻璃杯 / 坪井浩尚 (Hironao Tsuboi) / 日本

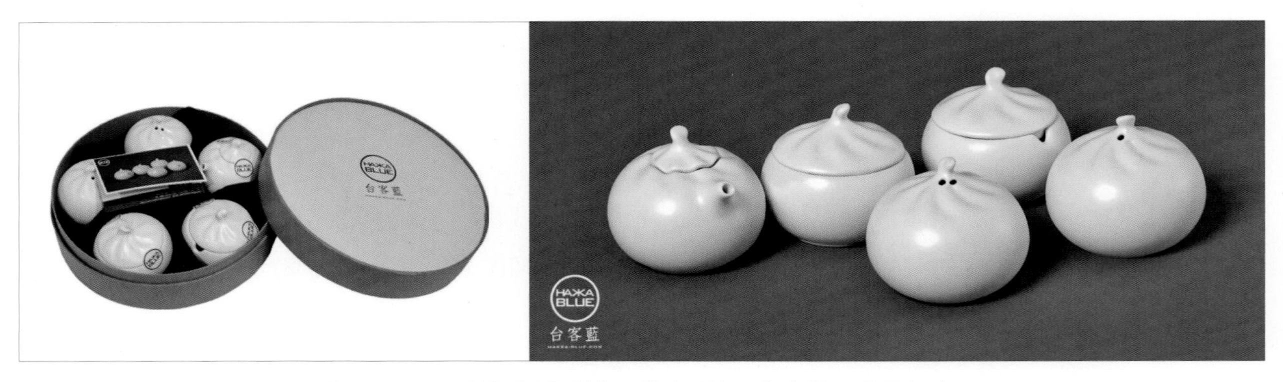

图 3–19　“小笼包”调味罐 / 设计品牌：台客蓝 / 中国台湾

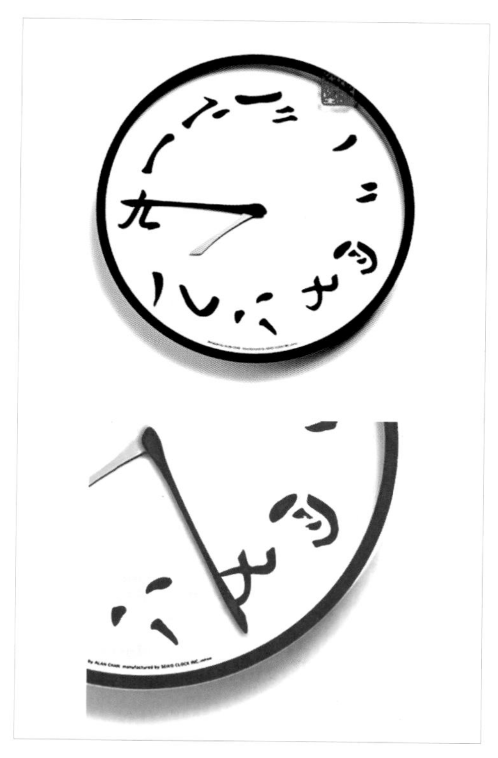

图 3–20　汉字钟 / 陈幼坚 / 中国

3. 内在心理层次

通过意识形态、文化修养和审美心理来展示界面的魅力，它反映的是个人精神上的文化价值观念，要求设计内容和形式的变化能使人在心理上产生快感，引起共鸣。当然，这里的文化不仅仅是传统或古典文化，而是产品设计理念文化的外延传播，这也是目前文化设计的最高层次，也是众多设计师一直追求的目标。在文化设计的基础上实现一种新的文化传播，让用户在体验设计的同时，获得惊奇感和所期待的共鸣。

在“汉字钟”的设计中（图 3–20），陈幼坚以黑白两色为基调，富有水墨韵味；再将传统钟表上罗马字或是阿拉伯字的刻度更换为中国汉字；浅灰色的时针造型如同分针的影子，在分针指向不同的时刻时，时针似乎可以真实地记录太阳影射下分针的投影；数字刻度的造型取材于“永字八法”，与时钟边沿的红色印章一起，俨然是一幅书法变奏。这是一款运用文化符号的典型设计，不仅巧妙地运用了中国传统文字，而且进行了现代感的抽象表达，给每位观者带来不同的解读视角。

3.2.2　文化符号的提炼与应用

结合样本资料收集法的训练来加深对产品设计中文化的延续与认知的探讨（图 3–21）。

样本资料收集法：是一种通过分类采样的方式收集专业资料的手段。通常来说，它搜寻的既是对产品功能形态解决方案意义的书面创意，也是生产、分析或者测试产品构思的概念。

练习要求：选择典型的应用中国传统文化符号的产品创意设计（实际产品或概念产品皆可），做出设计的对比分析。

练习目的：加深对产品设计中文化符号的应用认知。

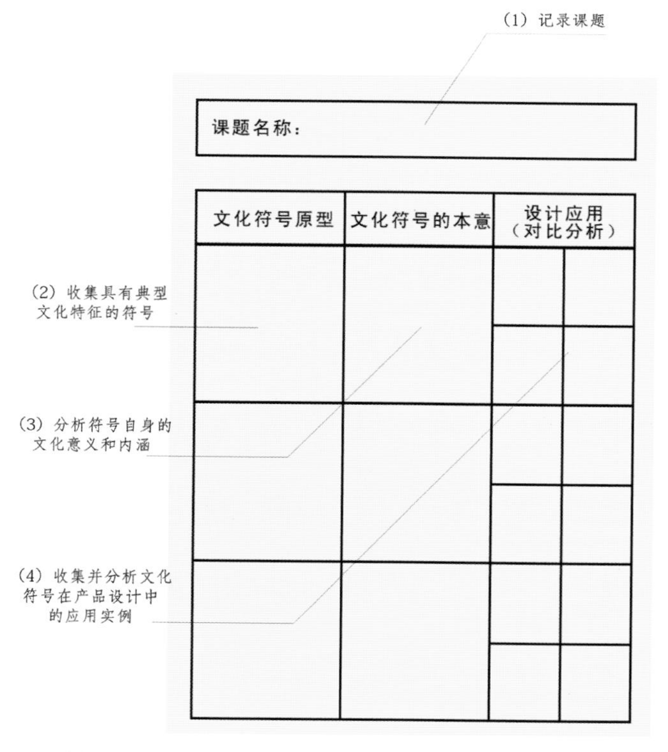

图 3–21　“文化符号的提炼与应用”作业版式图例

3.3 产品形态与环境可持续设计

环境可持续设计是当今社会的重要设计趋势，通过在形态设计阶段中选择环保的材料、设计易拆卸结构或模块化结构及考虑产品的可回收性等，能在一定程度上实现人与社会、环境的可持续性发展。

3.3.1 环境可持续设计的基本概念与范畴

环境可持续设计源自人们对现代技术文化所引起的环境及生态破坏的反思，体现了设计师的社会责任心的回归。在很长一段时间内，工业设计在为人类创造了现代生活方式和生活环境的同时，也在无意之中加速了资源的消耗，对环境造成了巨大的破坏。

环境可持续设计（图 3–22）着眼于人与自然的生态平衡关系，在产品整个生命周期内，着重考虑产品的环境属性（即可拆卸性、可回收性、可维护性、可重复利用等），并将其作为设计目标，在满足环境目标要求的同时，保证产品应有的功能，即在设计过程中的每一个决策都充分考虑到环境效益，尽量减少对环境的破坏。对工业产品设计而言，环境可持续设计的核心是“6R”[即 Reduce（减量化），Recycle（回收利用）和 Reuse（重复利用），Redesign（再设计），Remanufacture（再制造），Recover（恢复）]，不仅要尽量减少物质和能源的消耗，减少有害物质的排放，而且要使产品及零部件能够方便地分类回收，并尽可能地易于再制造、再生循环或其他方式的再利用。环境可持续设计不仅是一种技术层面的考虑，更重要的是一种观念上的变革，要求设计师放弃那种过分强调产品在外观上标新立异的做法，而将重点放在真正意义上的创新上面，以一种更加负责的方法去创造产品的形态，用更简洁、持久的造型使产品尽可能地延长使用寿命。

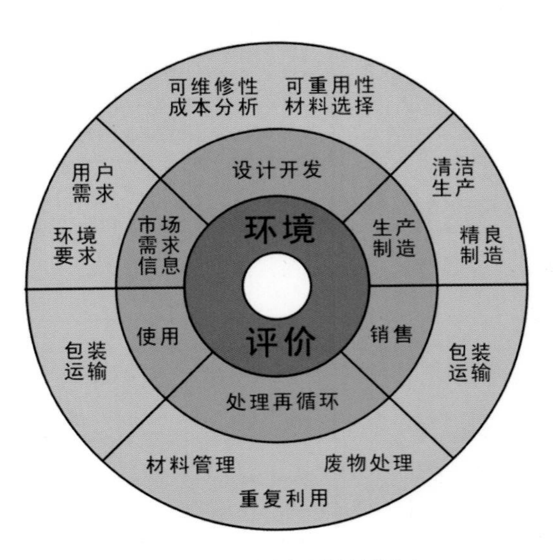

图 3–22 环境可持续设计

环境可持续设计的本质在于充分利用现代科技，大力开发环境可持续资源，不断改善和优化生态环境，促进人与自然的和谐发展，使人口、资源和环境相互协调、相互促进。作为人类社会的一个阶段，环境可持续发展阶段有其自身的一系列特点。在环境可持续设计过程中，应重点思考这几个问题：①全球气候变暖；②资源枯竭；③淡水危机、水污染；④固体废弃物。

3.3.2　实现环境可持续设计的手段和方法

1. 以材料的选用为出发点

在环境可持续设计中，材料的选用主要包括木质材料、竹制材料的选用，废旧材料的二次利用等。图 3-23 为甘蔗渣再利用制作的餐具。

图 3-23　甘蔗渣再利用制作的餐具 /Shinichiro Ogata/ 日本

2. 面向再循环的可持续设计

减少环境污染和自然资源的循环再利用，是环境可持续设计的根本目标，而合理地回收和再生利用无疑有利于这一目标的实现。图 3-24 为利用废弃电池设计制作的时钟。

目前，“从设计到回收”的思想，已经在研究领域和制造业得到广泛的认同。基于循环利用的设计思想，在设计阶段，产品设计师就能同时考虑再循环和再生利用，可大大提高废弃产品的再利用率，减少甚至消除产品废弃过程中对环境直接或间接的污染。

再循环的方式很多，产品报废后，通常要考虑到以下问题：产品要召回和重新利用吗？要从产品上拆下有价值的零件还是仅仅进行材料的循环？是对整个产品进行焚烧处理还是部分填埋？再循环设计的优先选择顺序如图 3-25 所示。

图 3-24　利用废弃电池设计制作的时钟 / 黄柏儒 / 中国

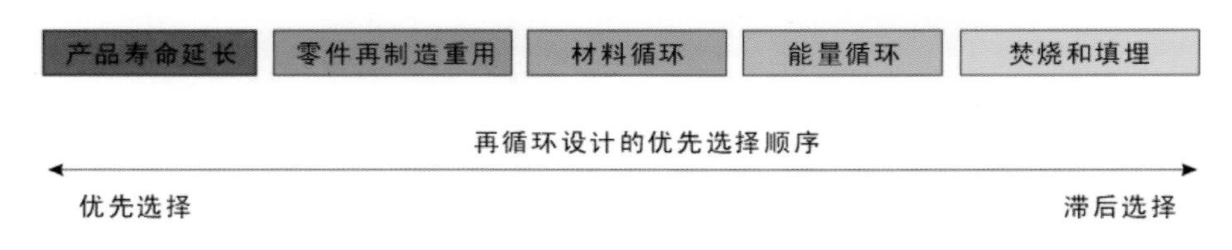

图 3-25　再循环设计的优先选择顺序

3. 面向拆卸的可持续设计

现代产品往往使用了多种不同的材料，因此其能否拆卸就成为目前环境可持续设计研究的重点之一。因为不可拆卸不仅会造成大量可重复利用零部件材料的浪费，而且会造成污染。

可拆卸设计（Design for Disassembly，DFD）要求在产品设计的初级阶段就将可拆卸性作为结构设计的一个目标。DFD 根据其追求目标侧重点的不同，可以分为两类：一类是面向产品回收（Design for Recycling，DFR）的可拆卸性设计，它注重产品的回收与利用，主要考虑产品使用寿命完结时，尽可能多的零部件可以翻新或重复使用，以达到节省成本，节约资源的目的；另一类是面向产品维修（Design for Maintenance，DFM）的可拆卸性设计，它注重提高产品的可维护性，考虑在产品的正常寿命期间，便于其零部件的维护。

例如 Tripp Trapp 成长椅，它既易于装配也易于拆卸，而且椅座部件安装位置的变化，能满足一个人从幼儿到成年身体变化的不同需要，其使用寿命悠久。

图 3–26　Tripp Trapp 成长椅 /Peter Opsvik/ 挪威

4. 面向用户行为的可持续设计

很多耗能的产品的环境影响主要是产生在用户使用阶段，有研究显示，通过设计引导用户行为带来巨大的环境效益，甚至会超过通过清洁生产技术带来的环境效益。如图 3–27 中的插座，它的电源线通过灯光的变化提示人们电器的用电功率，提醒人们节约用电。

图 3–27　可提醒人们节约用电的插座

3.3.3 环境可持续设计产品的资料收集

本节练习：环境可持续设计产品的资料收集

练习要求：环境可持续设计的核心是“6R”。不仅要尽量减少物质和能源的消耗，减少有害物质的排放，而且要使产品及零部件能够方便地分类回收并再生循环或重复利用。按照“6R”的分类方法，收集相对应类别的典型产品，并简单加以分析。

练习目的：锻炼基本的设计分类能力，并培养初步的设计分析能力。

作业版式要求如图 3–28 所示。

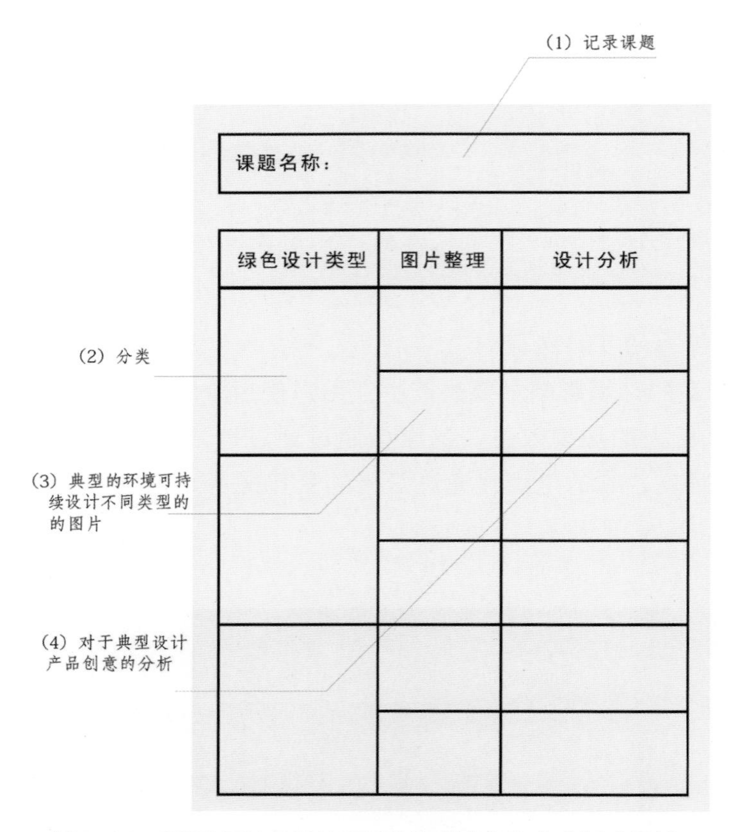

图 3–28 “环境可持续设计产品的资料收集”作业版式图例

参考范例：

环境可持续设计类型	图片整理	设计分析
Reduce （减量化）		这款伸缩打印机的设计，可以根据纸张和打印桌面的尺寸改变产品的外观尺寸，通过减量化的设计而达到节省空间和材料的目的。
Recycle （回收利用）	 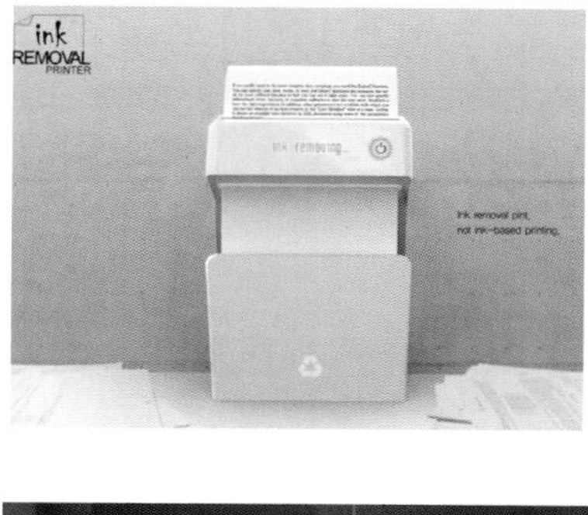	这款 Ink Removal 的概念设计，通过去除墨印的手段，提倡纸张的循环使用。
Reuse （重复利用）		这款灯泡的包装，也可以作为灯罩来使用，通过包装盒的重复利用，达到了环保的目的。

图 3-29 作业参考范例

3.4 产品形态与产业因素

产业因素具体而言就是影响设计的 SET［社会（Society）、经济（Economic）、技术（Technology）］因素，通过分析产业因素，能够联系市场环节，设计出符合市场需求的产品形态。

3.4.1 产品设计中的SET因素

产品识别应该成为所有产品、服务和信息处理公司的核心动力。当市场上现有的产品与新趋势推动下的新产品或重大产品改进的可能性之间存在缺口的时候，产品机遇就会出现。当产品满足了顾客有意识或无意识的需求和期望值，并被认为是有用的、好用的和希望拥有的产品时，它就成功地填补了产品机会缺口。

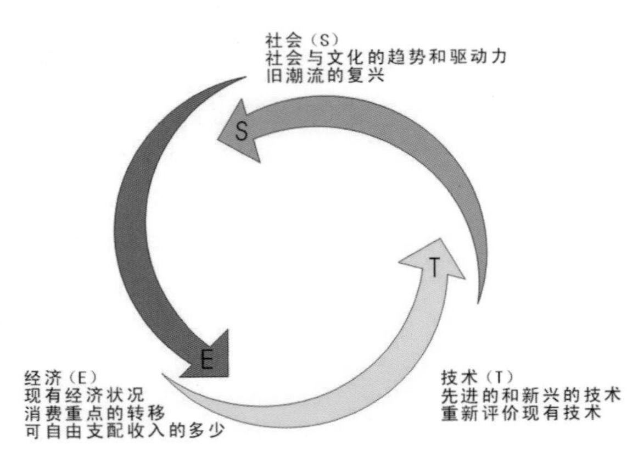

图 3-30 产品设计的 SET 示意图

成功识别产品机会缺口是艺术与科学的结合，它要求不断地对社会趋势、经济动力和先进技术这 3 个主要因素进行综合分析研究。产品设计的 SET 示意图如图 3-30 所示。

（1）社会因素是指社会生活中相互作用的各种因素。影响产品创新的社会因素如图 3-31 所示。

图 3-31 影响产品创新的社会因素

（2）经济因素是指人们觉得自己拥有的或希望自己拥有的购买力水平。影响产品创新的经济因素如图 3–32 所示。

图 3–32 影响产品创新的经济因素

（3）技术因素主要是指直接或间接地运用各行业的新技术和科研成果，以及这些成果所包含的潜在价值。影响产品创新的技术因素如图 3–33 所示。

图 3–33 影响产品创新的技术因素

SET 因素可以随时产生影响人们生活方式的新的产品机遇。我们的目标是通过了解这些因素，识别新的趋势，并找到与之相匹配的技术和购买动力，从而开发出新的产品或服务。例如，通过对显示器和 CPU 的一体化设计，使用鲜艳糖果色的透明塑料外壳，iMAC 很快成为一种更好用也更有趣的计算机。它的安装毫不费力，原本复杂的外露线路也得到了很好的管理。

下面以 OXO Good Grips 削皮器（图 3–34 和图 3–35）为实例来分析产品机会缺口和 SET 因素设计。Smart Design 公司设计的厨房用具曾获得由 IDSA（美国工业设计协会）和《商业周刊》（*Business Weekly*）杂志联合颁发的“年度最佳设计奖”。因为其高度的

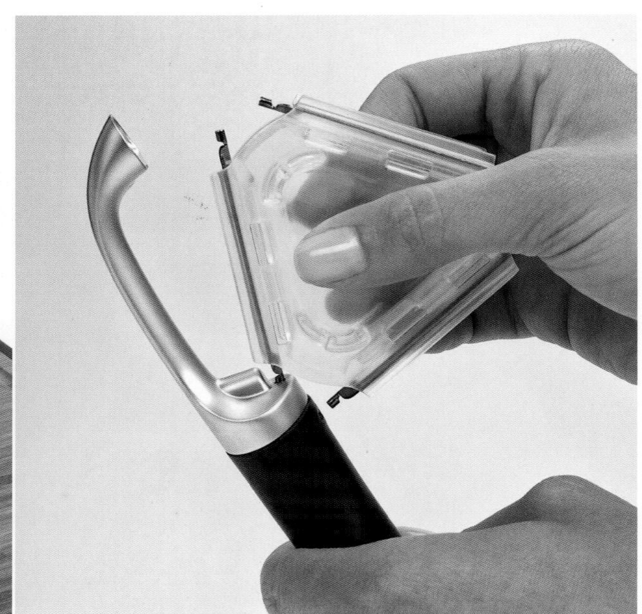

图 3–34　OXO 公司系列产品

可用性、美观性和对材料的创新应用，甚至在公司设计的产品达到了 350 多种之后，仍然每年都能获得新的奖项。这里，我们来回顾一下 Smart Design 公司的成功经验，以帮助我们了解它如何持续地保持在市场上的竞争优势。

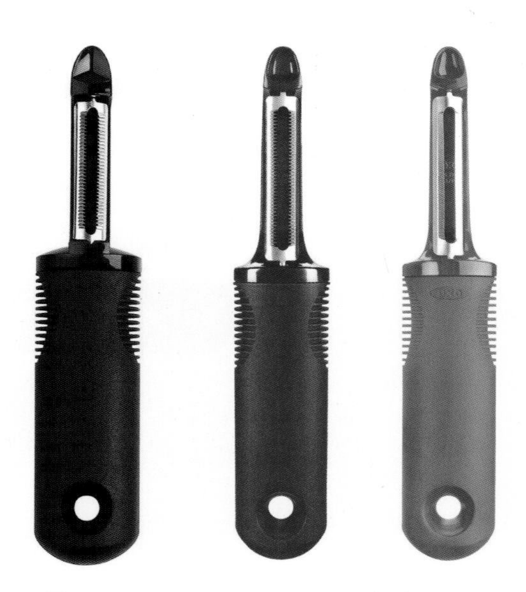

图 3–35　OXO Good Grips 削皮器

Sam Farber 是一位同时拥有几家公司的成功企业家，他最先发现了家庭用品行业这样的一个产品机遇。他的洞察力来源于他患有关节炎的妻子。他的妻子虽然喜欢烹饪，但是她发现所有用来做烹饪准备工作的工具用起来都很不方便，尤其对她患有关节炎的手而言。而且他的妻子觉得使用一些难看、粗糙的工具，似乎是对有生理障碍的人的一种不尊重和歧视。因此，这个产品机会缺口不仅仅是设计使用方便的厨房用具，它还必须体现一种新的美学观念，从而不至于让人们觉得自己被当作“残疾人”来对待。按照这种标准，蔬菜和水果削皮器就有了一个可以获得改进的机会。Sam Farber 意识到使用舒适和使用者的人格尊严，是改善厨房用具的两个关键因素。

多方面的 SET 因素使 OXO Good Grips 削皮器成为在适当时间出现的合适的产品，主要因素包括：美国公众开始关注有生理障碍的人的需求；这个群体也要求产品能够根据他们的特定需求而设计；商业因素的变化；大市场经营模式逐渐转化成小市场经营——“一种产品满足所有人需求”的观念已经被市场分割的手段所取代；人们开始追求更高品质的厨房用具；经济的繁荣使人们完全接受 7 美元的削皮器。这一切在本质上是生活趋势的变化，人们已经能够意识到产品所蕴含的价值，并愿意为体验这种价值去花钱。OXO Good Grips 削皮器设计的 SET 示意图如图 3–36 所示。

Sam Farber 的另一个富于见地的策略是改变公司一贯在产品开发初期花大价钱聘请设计师的做法，他让设计师成为一起分享企业利润的合伙人。Smart Design 公司正如其名，明智地抓住了这个机会，成功地开发了 OXO Good Grips 削皮器。经过大量的人机工程学测量，他们选择了一种理想的椭圆形手柄。手柄整体的椭圆造型和刻在上面的鳍片使食指和拇指能够舒服地抓握，而且便于控制。为了使手和削皮器有一种良好的接触感，并保证有水时仍然有足够的摩擦力，设计人员专门花费了大量精力去寻找合适的材料，最终他们找到了 Santoperne，一种具有较小表面摩擦力的合成弹性氯丁橡胶。一方面，它具有足够的弹性，可以让你紧紧地抓握；另一方面，它又具有足够的硬度来保持形状，同时能够在洗碗机里清洗。

从图 3–37 可以看出，这款产品综合了美学、人机工程学、便于加工和理想的材料应用等方面的良好属性。OXO Good Grips 削皮器给人们的感觉是极为精致和现代的，除了价格之外，其他各方面都优于原先普通的削皮器。Sam Farber 相信人们能够意识到产品所蕴含的价值，并且愿意为这种价值付费，他成功地预测人们会花费普通削皮器几倍的价钱来购买 OXO Good Grips 削皮器。

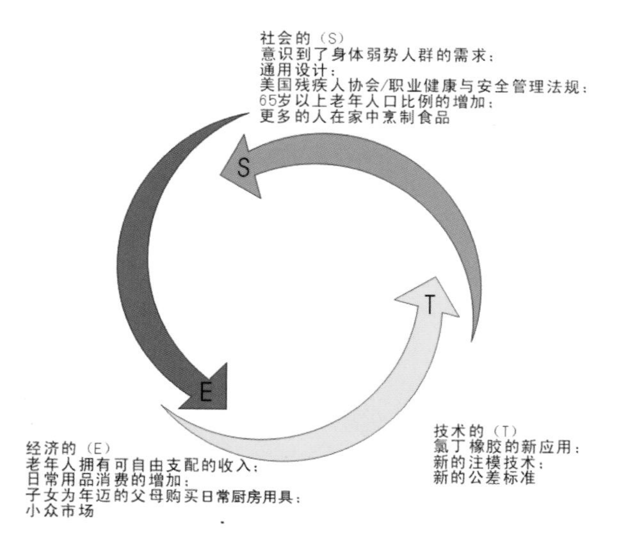

图 3–36　OXO Good Grips 削皮器设计的 SET 示意图

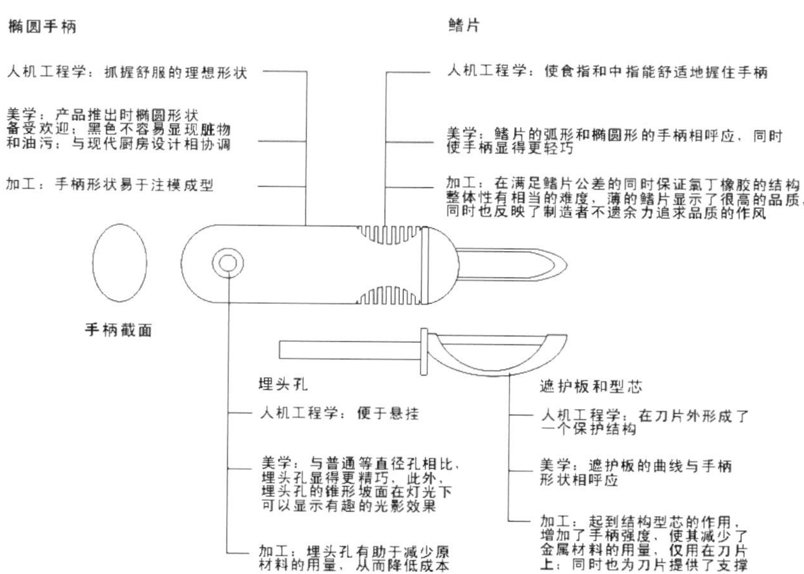

图 3–37　OXO Good Grips 削皮器设计示意图

OXO Good Grips 削皮器也是一个由单一产品发展成为一个品牌，并推广到其他产品的成功案例。设计师对种种因素的洞察力、成功的设计、合理的材料选择，以及合适的加工工艺共同促成了这样一个新产品的诞生，并且重新定义了厨房用具。

3.4.2 产品设计的SET因素分析训练

练习要求：了解在产品商业开发过程中，社会、经济及技术因素的相互关系，以及其对于产品创新产生的影响。试选取一种你认为在商业上取得成功的产品，从社会、经济、技术这 3 个方面的因素来分析一下其创新设计取得商业成功的原因（图 3–38）。

练习目的：了解创新与商业因素之间的逻辑关系。

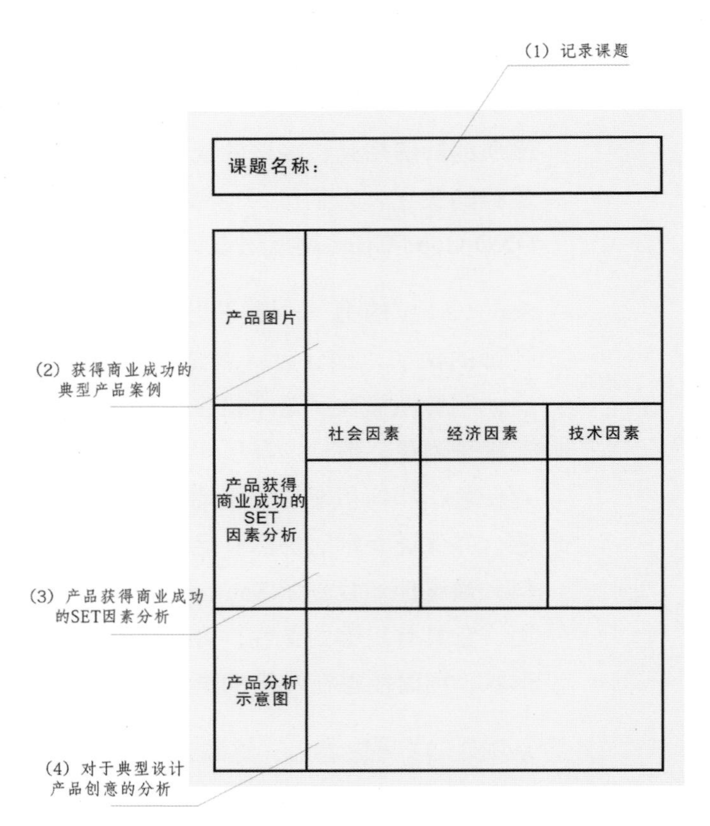

图 3–38 作业版式图例

3.5 产品形态与材料工艺

材料与加工工艺决定着图纸上的设计方案能否顺利实施，不同的材料、不同的成型技术与表面处理工艺都会对形态产生重要的影响。本小节并不打算展开讲解五大工业材料及其工艺，而仅仅是通过几个典型的例子来说明产品形态与材料工艺之间的关系。

3.5.1 选材与结构

在产品的制造过程中，由于所选择的材料不同，其造型与结构也有很大的差别。图 3–39 中的两把修眉器有着完全一样的功能，一个是由钢丝

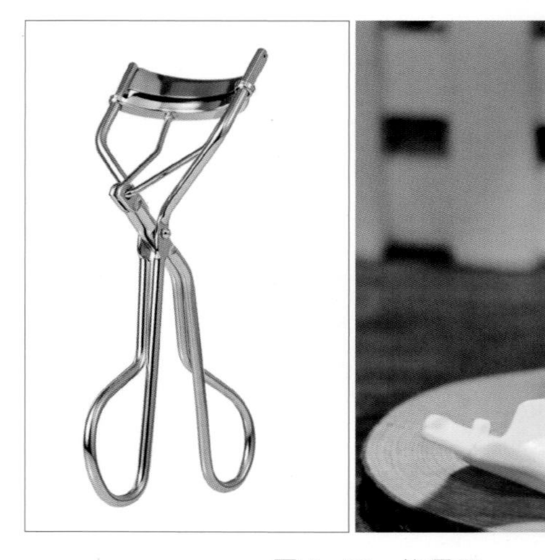

图 3–39 修眉器

通过弯曲、焊接、铆接等工艺制成，另一个是由塑料注塑件与金属弹簧装配而成。它们的形态差异主要是由材料与工艺的特性所决定的。

3.5.2 引入新材料

如图 3–40 所示的产品设计案例是由富有创意的服装制造商 Vollebak 用石墨烯材料（图 3–41）设计制造的夹克，它可以导电、储存体温、抗菌。这种石墨烯材料可以储存和传导穿戴者的身体热量。正是因为选择了这种有着强度高、透明、密度大、导电性能好等一系列优良特性的石墨烯材料，这一设计才得以实现，是新材料的选择促进了产品的创新。

图 3–40　Vollebak 公司用石墨烯材料设计制造的夹克

图 3–41　石墨烯材料

3.5.3 选择新工艺

图 3-42 是由日本著名设计大师喜多俊之设计的一组高品质的“XELA”餐具。这一组餐具与当时主流钣金片材不同，是以数百吨的高压压制金属块材，就像黏土快速塑型一样，瞬间压制完成；与钣金餐具的单薄感不同，这一组餐具具有高档次的稳重感与厚重的使用手感，而且餐具易于清洗的曲线也通过锻造工艺制造出来了。

通过喜多俊之设计的这一组餐具实例充分说明：同样的材料，因为所选择的材型与工艺不同，产品的造型和品质也会有很大的差别。

图 3-43 是英国设计师 Daniel Widrig 设计的“Brazil No.2”扶手椅，它采用了胶合板材料，并通过计算机数控技术加工而成。这种有机骨骼造型的实现，得益于胶合板和计算机数控技术的发展。

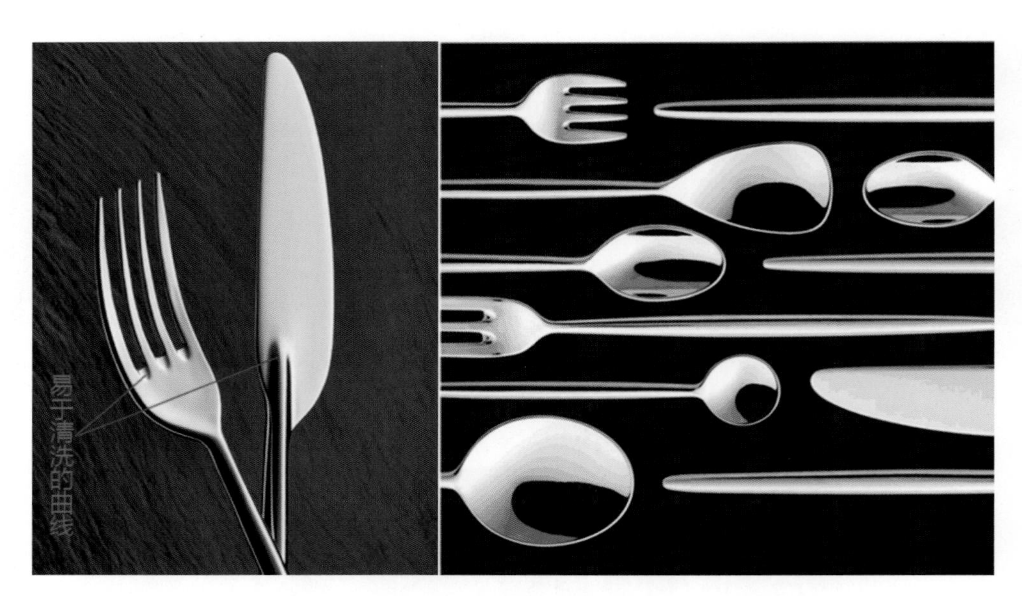

图 3-42 “XELA”餐具 / 喜多俊之 / 日本

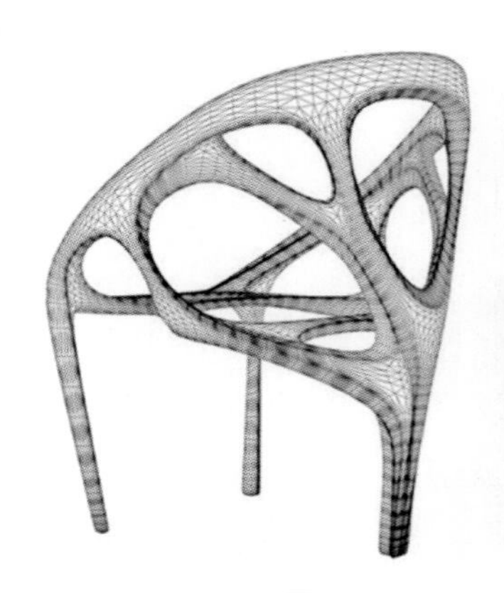
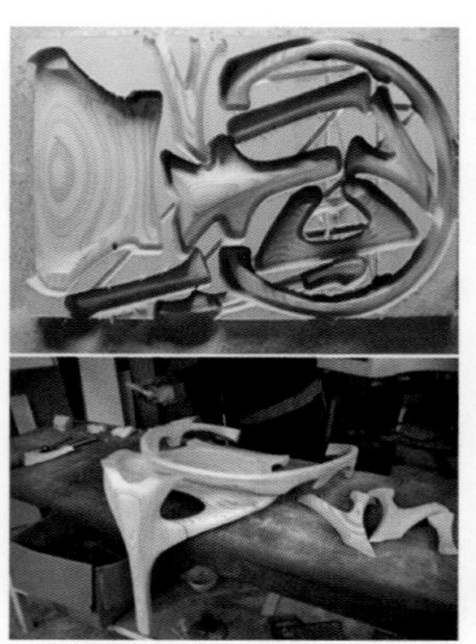

图 3-43 “Brazil No.2”扶手椅 /Daniel Widrig/ 英国

图 3-44 为同济大学音画糖人团队用 3D 打印技术制作的糖画。图 3-45 为 ProDesk 3D 全彩打印机打印的产品。图 3-46 为艺术家 Joshua HarkerMarch 3D 自画像。

图 3-44　同济大学音画糖人团队用 3D 打印技术制作的糖画

图 3-45　ProDesk 3D 全彩打印机打印的产品

图 3-46　艺术家 Joshua HarkerMarch 3D 自画像 / 芝加哥

3.5.4　新技术的影响

3D 打印技术出现于 20 世纪 90 年代中期，它实际上是一种利用光固化和纸层叠等技术的最新快速成型装置。它与普通打印工作原理基本相同，打印机内装有液体或粉末等“打印材料”，与计算机连接后，通过计算机控制把“打印材料”一层层叠加起来，最终把计算机上的蓝图变成实物。

3D 打印通常是采用数字技术材料打印机来实现的。在模具制造、工业设计等领域，常被用于制造模型，后逐渐用于一些产品的直接制造。该技术已在珠宝、工业设计、建筑、工程和施工、汽车、航空航天、医疗、教育、地理信息系统、土木工程等领域都有所应用。3D 打印的常用材料有尼龙玻纤、耐用性尼龙材料、石膏材料、铝材料、钛合金、不锈钢等。

3.5.5 表面处理工艺影响色泽效果

每一种工艺都具有不同的视觉效果，设计的时候要根据需要合理选择。以金属为例，其表面处理工艺很多，如喷砂、拉丝、电镀、丝印、烤漆等。不同的材料也可以通过相同的表面处理工艺进行加工，最后得到完全一样的视觉效果。如图 3-47 中的汽车，其车门、引擎盖是钣金件，而前保险杠是塑料件，但是通过烤漆工艺，它们呈现出的效果完全一样。类似的例子有很多，如家用波轮洗衣机的侧面是钣金件，而顶面的盖子和操控面板是注塑件，但它们往往看起来完全一样，这都是因为使用了相同的表面处理工艺。

图 3-47 “NOTE”汽车 / 日产公司产品 / 日本

3.5.6 设计师对材料与工艺的态度

设计师对材料与工艺的态度应该是：造物选材，“适”之为良，扬长避短、设计补弱。作为设计师，应该熟悉各种材料的性质及它们的成型技术和表面处理技术，还要了解材料与工艺的最新发展状况。在熟悉材料工艺的基础上，设计师才能够得到更多的创新自由，保证设计方案能够在技术层面具备实施的可行性。在选择材料与工艺时，以“适”为基本原则，适合的就是好的，以 IMD 工艺和 IML 工艺为例，前者是模内转印注塑，印刷的油墨纹样在制件外表面，所以不耐磨；而后者是模内镶件注塑，印刷的纹样在镶件 PET 膜与注塑件之间，因为不在外表面，所以不仅“耐磨”，而且由于外面有一层透明的 PET 膜，所以光泽较好。这两种技术看似后者更有优势，但在实际应用中，只有在表面有纹样而且经常触摸的不平整面板才使用 IML 工艺，而不常常触摸的面板则不需要使用 IML 工艺（如空调挂机上面的标签图案）。一般的面板通常采用 IMD 工艺，甚至普通的丝印或贴花就能满足要求。再如，有的碳纤维复合材料的强度比钢高，密度比铝低，但我们不能认为碳纤维复合材料能广泛取代金属材料。材料性能、工艺技术有优劣之分，但对设计师而言，合适的材料、适当的工艺才能实现设计目标。

有时候，材料也会有这样或那样的不足，设计师可以通过形态设计来弥补材料性能的不足，比如图 3-48 中的杯子，为了便于叠放，设计师没有设计手柄，没有手柄的杯子盛开水的时候容易烫手，而且不易抓握。设计师将其下部设计成齿轮形，齿轮形设计起到隔热的作用，这样即使杯中盛有滚烫的开水，杯壁的温度也不会太高。

图 3-48　具备防烫功能的杯具设计

单元训练和作业

练习题

1. 产品的设计语义结构分析练习

选择 3～5 件具有明显设计语义特征的产品（现实生活中的实物产品或历届设计大赛中的优秀设计作品），试从产品语义的"能指"和"所指"的结构来分析产品的创意，以及语义的应用。

要点提示：通过产品语义的逻辑结构分析来理解创意的形成思路，以及产品设计与人、环境之间的联系。

2. 文化符号的提炼与应用练习

从中国传统文化中找出一些具有典型形态特征的元素与符号，首先分析出其所代表的文化本意，找出应用了该元素（具象或抽象）的产品设计图例（数量不限），按照自己对设计的理解，做出设计的优劣分类，并分析其原因。

要点提示：综合运用本章知识，体会设计元素与符号具象或抽象设计应用的方法。

绿色设计产品的分类练习
【参考图文】

3．绿色设计产品的分类练习

收集典型的绿色设计产品（不少于 30 件），根据绿色设计的 3R 原则，将这 30 件产品做出分类解读，并分析出各类产品在设计创新中的主要方法和解决问题的思路。

要点提示：重点是通过练习区分绿色设计 3R 原则的共性和差异点。

产品设计中的 SET 因素分析练习
【参考图文】

4．产品设计的SET因素分析练习

搜集商业上取得巨大成功的产品案例（例如 iPhone 等），试从 SET 的 3 个层面，分析这些产品取得商业成功的原因。

要点提示：通过本练习进一步理解设计的外部因素在设计中所起的作用，并能够理解创意设计和商业产品之间的区别。

思考题

1. 以菲利普·斯塔克的榨汁机为例，从产品语义、产品 SET 等方面的因素分析其取得商业成功的原因。

2. 当你把图纸上的设计创意作品转化为可行的商业产品时，要综合考虑哪些要素?

第四章

产品形态设计的基础训练

课前训练

内容：搜集10款有创意且形态设计优良的吊灯和10款网络销量高的吊灯，从创意、材质、结构和形态设计方面分析它们各自的特征，思考它们的形态设计方法。

注意事项：所选择的20款灯具的形态、材料尽量多样化。

要求和目标

要求：理解产品形态设计中平面视图的重要性；

理解并能运用几何形态的组合分割与排列手法设计产品形态；

熟悉曲面的结构，理解单一自由曲面中的“力”；

熟悉复合曲面与曲面连续性的概念，能分析、评价优秀产品形态的块面关系，并熟练处理设计中曲面的连续性关系；

能合理寻找相关事物并借鉴它们的形态，设计出自己满意的产品。

目标：具备包含形态定位、形态演绎、形态评价在内的基本的产品形态设计能力，能设计出符合特定要求的产品形态。

本章要点

正投影逆向演绎法、片材立体化、厚与薄的表达技巧、几何形体的组合与分割、曲面受力变形、消隐线与形式周期表、仿生设计。

本章引言

产品形态是设计理念、产品结构、材料、工艺水平的最终呈现，也是设计师能力的综合体现。本章从平面视图的草图开始讲述设计三维形态的演绎，到借鉴已有物象形态，基本概括了产品形态中涉及的各种设计问题。

4.1　从二维视图到三维形态的训练

很多设计师的手绘稿中，我们都能够看到平面视图，与透视图相比，平面视图具有易于绘制、易于推敲、易于设计的演绎、易于理解、易于与工程师沟通等优点。为强调平面视图的重要性，本节专门讲解如何从二维平面草图推演出多个三维形态。

课前训练

训练内容：图 4–1 所示的 L 形曲线是由 5 条线段组成的封闭形。它是一个物体的正视图。请画出你所能想到的立体造型，画出它们的 45° 角透视图。

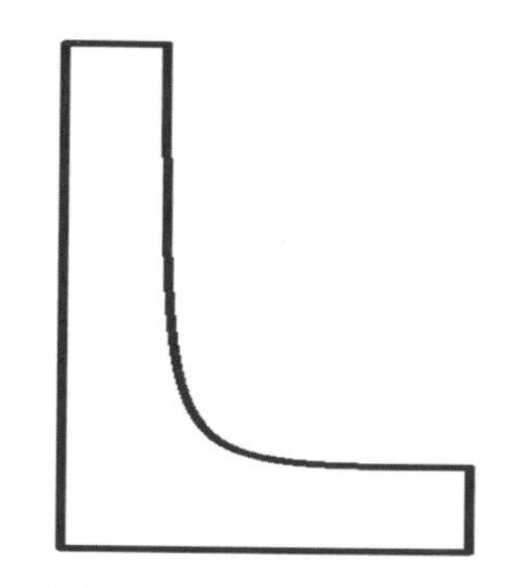

图 4–1　L 形正视图轮廓

训练注意事项：该练习为基础性练习，物体的顶视图、左视图、右视图等都只有外轮廓而无其他细节，因此不要在该物体上挖孔洞。

4.1.1　从平面视图草图推演三维形态的训练方法

正投影法是平行投影法的一种，是指投影线与投影面垂直，对形体进行投影的方法。这种方法能够反映线段的实长或平面图形的实形，因此根据正投影法得出的三视图被称为“工程图样”，在制造业得到了广泛的应用。在工业设计专业的课程体系中，以正投影法为主要教学内容之一的“设计图学”课程是一门重要的技术基础课。参考“设计图学”的基础知识，编者根据近年来的教学实践提出了一种基于正投影法进行逆向思考，进而推演产品形态的形态训练方法，称为正投影逆向演绎法。根据这种方法，学生在绘制了一个平面视图草图之后，可以推演出多个甚至数十个关联造型，十分有利于设计思路的发散。

这种训练方法基于正投影法的一个特征：任意一个平面视图无法反映立体形态的全部内容。换而言之，一个平面视图可能是无数个三维形态的投影。也可以说，一个平面视图设计草图对应的立体形态就应该有无数种可能性。由于设计师的平面视图手绘稿中的线对应到具体产品，可能是外轮廓线、分型线、曲面结构转折线或装饰线等多种。限于篇幅，这里只通过外轮廓线来说明正投影逆向演绎法的具体内容。

以一段弯曲的弧线为例（图 4–2），假设它是某产品平面视图中外轮廓的一段，那么这个产品与这段弧线对应的至少有以下 3 种基础状态。

（1）弧线完全是面的投影，即这一部分面是单曲面，在投影光线的方向曲率为零。

（2）弧线完全是线的投影，也就是说在对应的外轮廓处，正好是两个面的交界处。

（3）弧线也完全是线的投影，只是所对应的外轮廓线处并无面与面的转折。

除了这 3 种情况，还有很多的变化，这 3 种中的任意两种可能同时出现，这样的组合就又产生了新的 3 种可能，即弧线对应的形态是第四种“一部分是面的投影，另一部分是线（外轮廓处有转折）的投影”；第五种“一部分是面的投影，另一部分是线（外轮廓处无转折）的投影”；第六种“全部是线的投影，不过有的地方对应的外轮廓有的是有转折，有的是无转折”。在这 6 种“投影”状态的基础上，再根据各处曲率的不同以及与其他部分衔接关系的不同，这段弧线对应的形态就有了无限的可能性。

下面通过两个例子展示正投影逆向演绎法的应用案例。在图 4–3 中，将已经设计好的平面曲线命名 1、2，分析它们对应的三维形态，当曲线 1、2 都是上述第一种情况（面的投影）的时候，形体是简单的挤出型；当 1 是上述第三种情况（线的投影，但外轮廓处无转折），2 是上述第一种情况（面的投影）的时候，它是一个相对圆润的造型。当然除了这两种造型，还有很多种可能性。

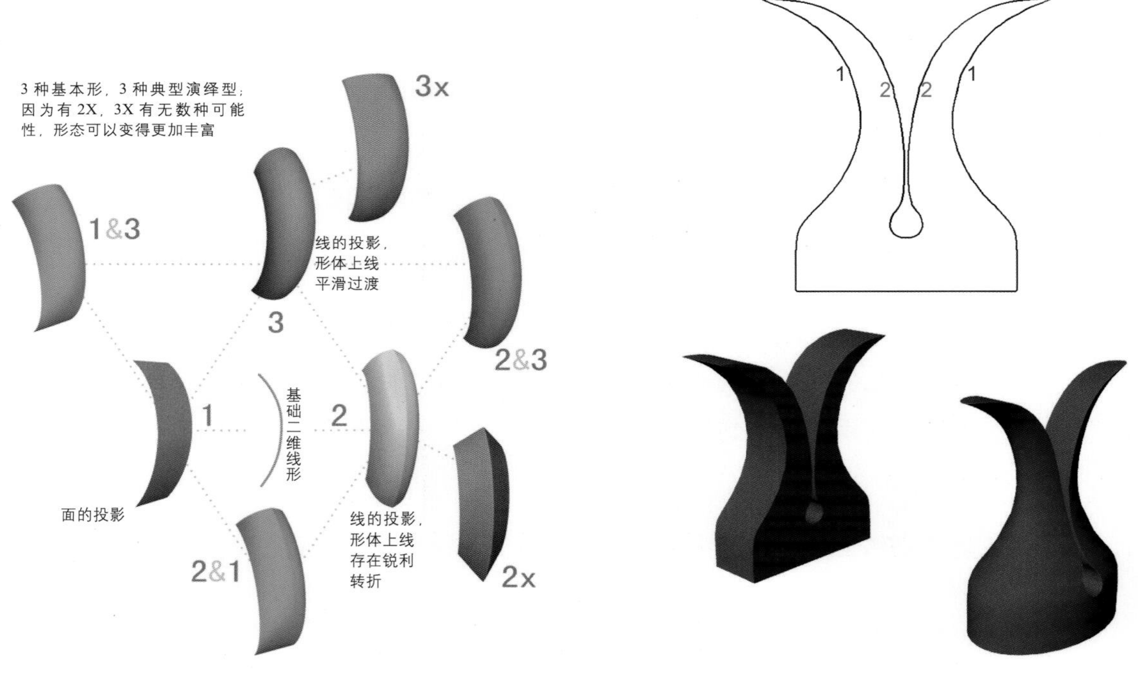

图 4–2　正投影逆向演绎法示意图

图 4–3　正投影逆向演绎法范例（一）

图 4–4 中的例子更加全面地展示了正投影逆向演绎法的实际作用。通过对 L_1 与 L_2 两条曲线所对应的状态的思考，演绎出了 1、2、3、4、5、A、B、C、D 等多种不同的形态。

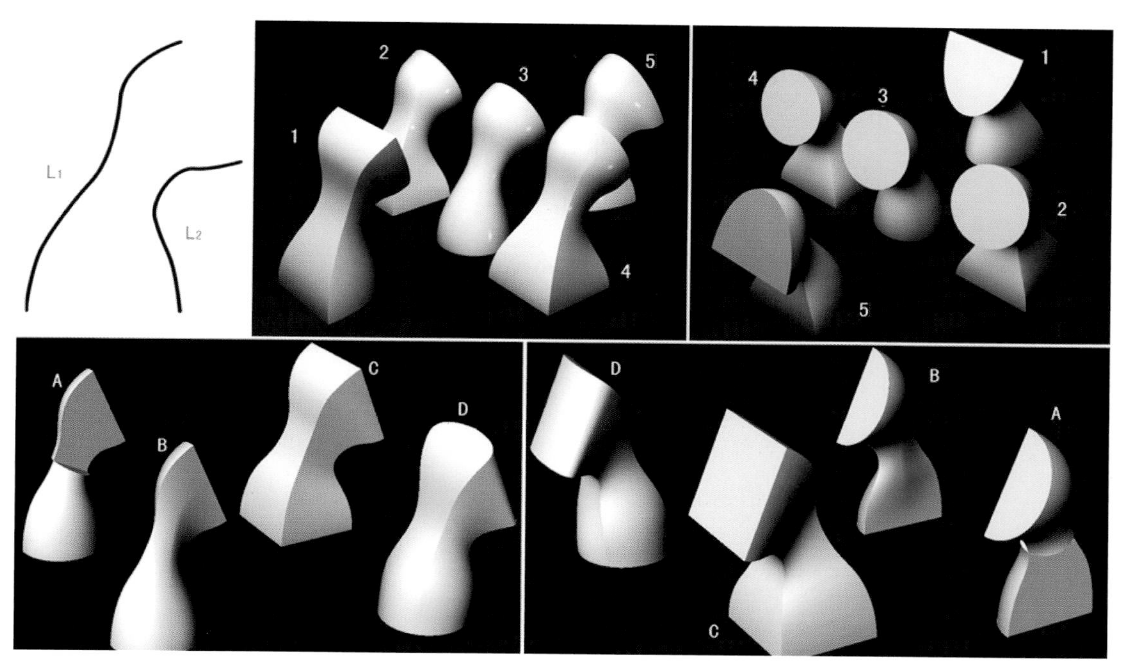

图 4–4　正投影逆向演绎法范例（二）

当 L_1 是第一种情况（面的投影），L_2 是第三种情况（线的投影，但外轮廓处无转折）时，可得出造型 1（或类似造型）。

当 L_1 和 L_2 都是第五种（一部分是面的投影，另一部分是线的投影，外轮廓处无转折）时，可得出造型 2、4（或类似造型）。

当 L_1 和 L_2 都是第三种情况（线的投影，但外轮廓处无转折），可得出造型 3（或类似造型）。

当 L_1 是第三种情况（线的投影，但外轮廓处无转折）时，L_2 是第一种情况（面的投影），可得出造型 5（或类似造型）。

当 L_1、L_2 是第二种情况（线的投影，外轮廓处有转折）时，可得出造型 A、B（或类似造型）。

当 L_1 和 L_2 都是第一种情况（面的投影）时，可得出造型 C（或类似造型）。

当 L_1、L_2 是第五种情况（一部分是面的投影，另一部分是线的投影，外轮廓处无转折），而且 L_1 与 L_2 上部连线对应的是第三种情况（线的投影，但外轮廓处无转折）时，可得出造型 D（或类似造型）。

以上几种造型只是排列组合中的一部分，由此可见正投影逆向演绎法对于形态推演的有效性。正投影逆向演绎法是编者经过了多年的教学实践提出的，它具备以下两个优点。

（1）思路清晰，易于掌握。设计从平面视图的草图展开，可使设计师更容易依照美学法则来推敲平面图形中的尺度、比例、节奏、韵律等关系。

（2）可以根据分析投影源头的不同组合来推演，有利于更多形态的演绎。

需要注意的是，此处所述的推演方法只是产品形态设计课程中的一种基础训练技法，适用于初学阶段。在实际的产品设计中，还需综合考虑产品的功能、结构、形态语义、产品的制造工艺，以及大众审美取向等因素。

4.1.2 课堂训练题：正投影逆向演绎法训练

训练内容：教师设计封闭的正视图轮廓线（建议其中线段数不超过 5 条，线段有曲线也有直线），学生根据该轮廓线画出 8 种以上的立体造型。

训练目的：培养学生将平面视图的草图演变为三维形态的能力。

范例作业：图 4−5 中限定正视图轮廓线中 AD 所对应的形态可变，C 为平面，可置于地面，B 为产品布置操控的部分，为单曲面，可推演至少 12 种造型。图 4−6 是根据图 4−3 中的平面图演绎出的造型，展示了从二维到三维的部分可能性。

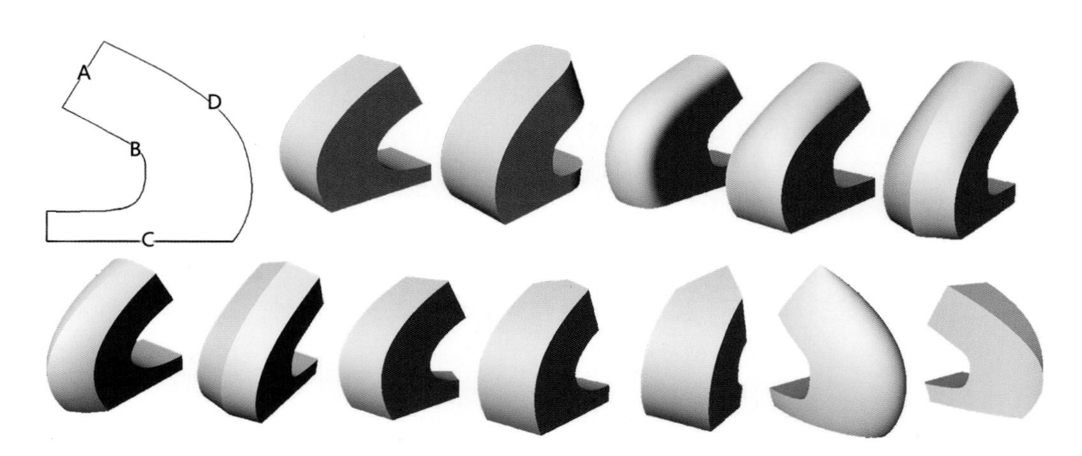

图 4−5　正投影逆向演绎法作业范例（一）

图 4−6　正投影逆向演绎法作业范例（二）

4.2　基础几何形态设计训练

基础几何形态包含有以下几类。

（1）方形特征几何体：正方体、长方体、多棱柱、方椎体等。
（2）圆形特征几何体：包括球体、圆柱体、圆锥体、椭圆球体等。
（3）三角形特征几何体：三角柱体、三角锥体等。

基础几何形态在产品设计中的应用通常有两种情况：一种是产品主体形基于某基本几何形态，然后在其内部进行分割得出各部分的细节；另一种是由多个几何体经过叠加、相减等运算得出。

4.2.1　产品主体型为单个几何体

采用基础几何体作为产品主体型较为常见，究其原因，一方面是由于几何体数理关系简单，容易理解，设计师容易把握；另一方面是由于在制造加工、运输存储等方面，几何体都有一定的优势。

如图 4–7 所示，SONY Walkman、Dieter Rams，以及飞利浦 3000（i）4000 系列空气净化器和加湿器等，都是设计史上应用几何体作为主体造型的经典案例，今天，我们仍然能够看到几何体在产品设计中的广泛应用。

（a）SONY Walkman

（b）Dieter Rams

（c）二合一净化加湿一体机 Series 3000（i）4000/飞利浦公司 / 荷兰

图 4–7　具有几何体特征的产品

4.2.2 产品主体型由多个几何体运算得出

在很多时候，产品形态会使用多个几何体进行运算，运算方式包括相加、相减、求交集等。俄罗斯 Art.Lebedev 公司的几款产品就是较为典型的案例，它们由正方体、斜切的圆柱体、圆球以及圆锥为主体，再组合以相关形态而成，类似的产品还有意大利 ALESSI 公司设计的水壶系列（图 4–8、图 4–9）。

图 4–8　具有几何体特征的产品 / Art.Lebedev 公司 / 俄罗斯

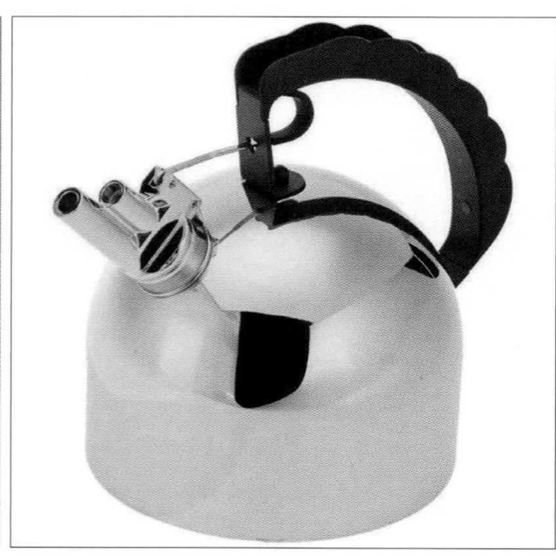
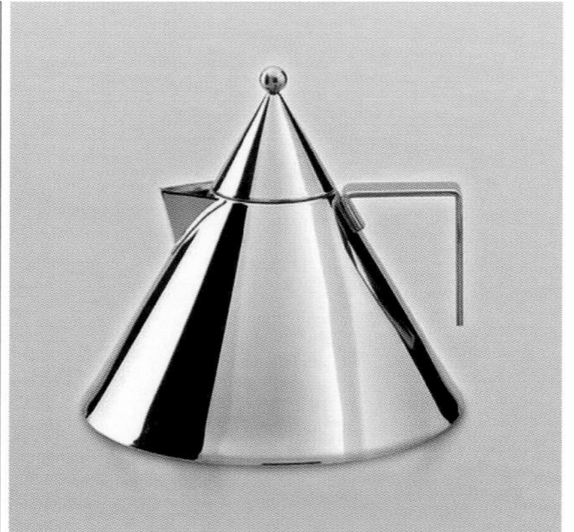

图 4–9　具有几何体特征的产品 / ALESSI 公司 / 意大利

4.2.3 契合形态

产品中的契合形态是指多个相关联的产品或产品的多个部件放置于特定位置时存在相吻合的关系。具有契合形态的产品整体感好，而且可以节省空间、易于存放和取用（图 4–10）。

(a) 无线蓝牙耳机 / 捷波朗 /Jabra Stone2（石头）/ 丹麦　　(b) 饭盒

图 4–10　具有契合形态的产品

4.2.4　产品的厚重感与轻薄感的表现技巧

设计师常常需要通过形态传达一种感觉，比如在一些机电设备、越野交通工具及相关产品中，常需要表达厚重感；在一些数码产品设计中，常需要表达轻薄感。

说到“厚重”“轻薄”的感觉，不仅仅是数学意义上的尺度，很多时候，由于技术等方面的因素，太厚或者太薄的造型都不一定适合产品本身，这时候，人们需要的往往是产品给人感觉上的“厚重”或者“轻薄”。关于“厚重”与“轻薄”的设计技巧，北京洛可可设计公司的设计师曾总结过一些技巧。

当表达“厚重”的时候，一般有两种手法。一种是强调体与体之间相交的错落感，如图 4–11 所示的工具设计，其中面与面之间存在不少的错落，这恰好营造了厚重感。另一种表达厚重的方式是隐藏较薄的材料的剖面，如图 4–12 所示，单线条示意选择右侧的装配形式，人们看到的是转折面，而不再是较薄的材料的剖面。

图 4–11　ACX 创新轻量化起吊机 / Shift Design Strategy AB/ 瑞典

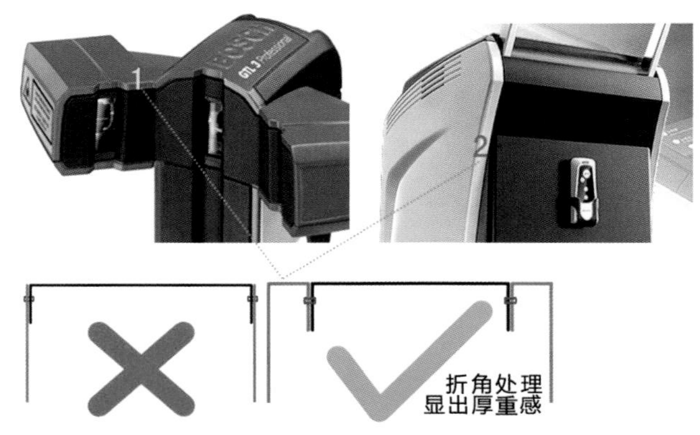

图 4–12　厚重感表达技巧例图

当要表达“轻薄”的时候，一种方法是设计楔形，从多个视角看去，人只能看到楔形的刃部分，因而产生了“轻薄”的感觉。另一种方法是通过材质或颜色的分割，在人的观察过程中营造时差，图中右侧第一个银 / 红配色，人们可以先后观察银色的薄和红色的薄，而不会将它们叠加（图 4–13）。

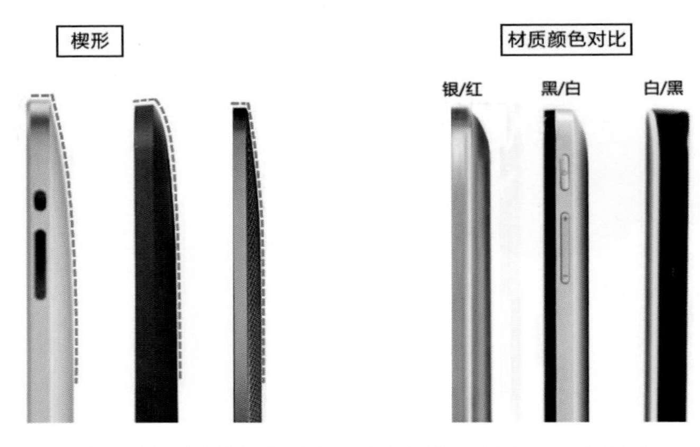

图 4–13　轻薄感的表达技巧 / 北京洛可可设计公司

4.2.5　课后思考题

案例展示
【参考图文】

1. 在三维建模的立体形态上进行变“轻薄”处理，让产品显得轻盈、纤细，更具有科技感，通过产品造型技巧，在不改变外形总体尺寸的前提下，使产品看上去变“轻薄”。

2. 运用视知觉形体表达的技巧，在不改变外形总体尺寸的前提下对现有产品进行专题设计，营造产品的“厚重”感。

思考题：什么样的产品需要被设计得“轻薄”？什么样的产品需要被设计得“厚重”？

4.3　单一曲面形生成与训练

单一曲面有两类：一类是单一几何曲面，另一类是由单一几何曲面受力变形得来的基础自由曲面。

4.3.1　单一几何曲面

单一几何曲面包括圆柱面、球面、抛物面、旋转体等（图 4–14），可由较为简洁的数学方程式定义。这类曲面最容易理解，易产生审美疲劳。

单一几何曲面构成的产品形态较为常见，如图 4–15 所示。

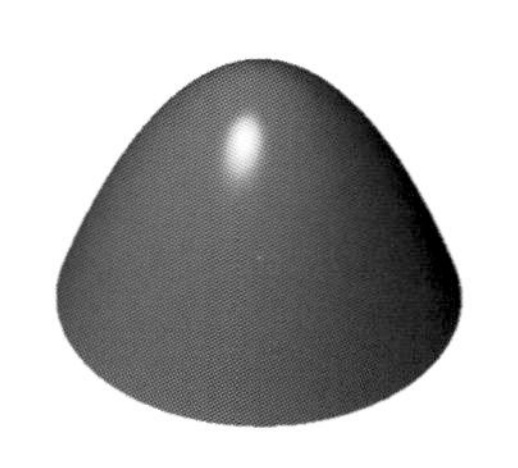

图 4–14　单一几何曲面

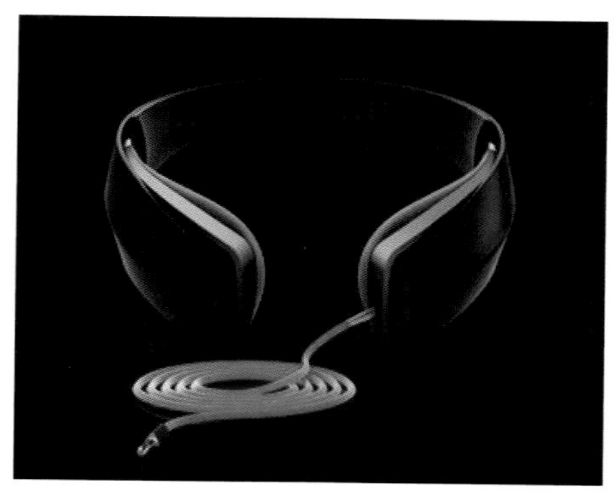

图 4–15　单一几何曲面／“美杜莎 Medusa”一体式时尚耳机／贝尔塔和洛可可设计公司联合设计

4.3.2　单一自由曲面

瓦西里·康定斯基在《点线面》中曾详细分析过形态中“力”的概念。根据这一思路，编者引入“力”的概念来将自由曲面做一个简单归类，即单一自由曲面（图 4–16）是由平面或单一几何曲面受力变形而来。

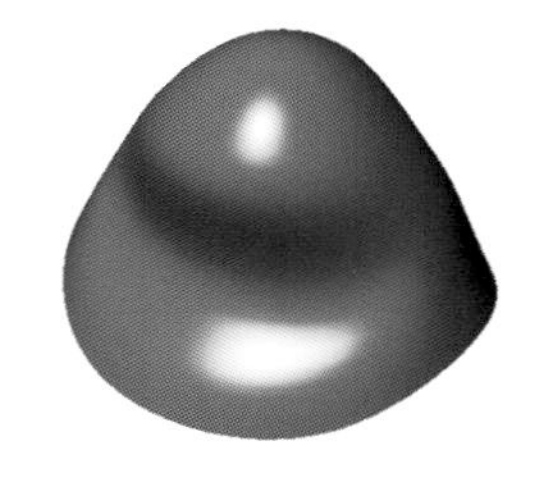
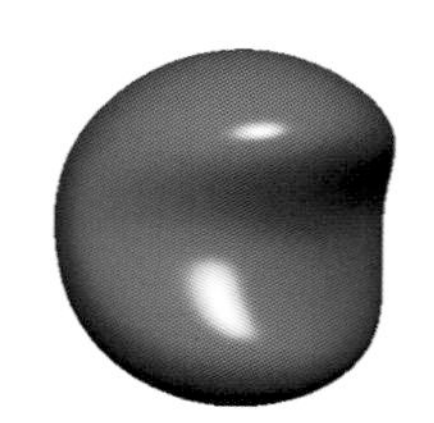

图 4–16　单一自由曲面

下面将常见的“力”对形态的影响，依据力类型、力的方向、受力部位和受力面的性质，分析并归纳于表格中（见表 4-1）。需注意，单一曲面受力变形的结果有时也可视作由多个单一曲面组合而来，为了便于归类，我们这里仍然将其视作单一曲面的变形。

表 4-1　常见的“力”对形态的影响

力的类型	力的方向、受力部位	受力面性质	结果
压力（大小适度）	垂直于面、线状（超过截面）	软	弯曲
		硬	弯折
	垂直于面、球状（局部）	软	凹凸
	平行于面、线状（局部）	软	皱褶
压力（过大）	垂直于面、线状（超过截面）	软、硬	断开
	垂直于面、线状（局部）	软、硬	撕裂
扭矩力	旋转并垂直于面	软	扭曲
自然力——重力	垂直向下	软	下垂感
自然力——风化、腐蚀	由外向内	软、硬	圆润化

(1)压力(大小适度)、垂直于面、线状(超过截面)、软、弯曲。

当软质的面受到大小适度的线状而且超过物体截面的物体施加的垂直于面的力的时候，形态会弯曲。弯曲的示意图与案例分别如图 4-17 和图 4-18 所示。

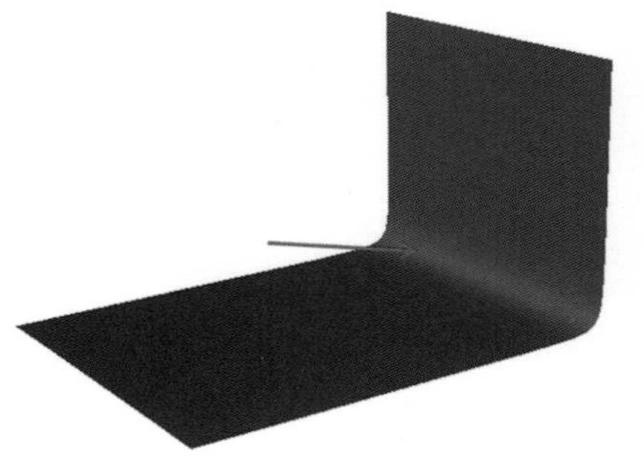

图 4-17 弯曲示意图

(a) 房间空调器 (FTXK25AV1BW) / 土耳其

(b) Comfort Care/iF DESIGN AWARD 2018/ 中国

图 4-18 弯曲案例

(2)压力(大小适度)、垂直于面、线状(超过截面)、硬、弯折。

当硬质的面受到大小适度的线状而且超过物体截面的物体施加的垂直于面的力的时候，形态会弯折。弯折示意图与案例分别如图 4-19 和图 4-20 所示。弯折后的曲面可视作由多个单一曲面组合而来，为了便于归类，我们将其视作单一曲面的变形。

图 4-19 弯折示意图

(a) CyberStar Studio/iF DESIGN AWARD 2018/ 美国

(b) 抽油烟机 / 广州朗威设计

图 4-20 弯折案例

(3)压力(大小适度)、垂直于面、球状(局部)、软、凹凸。

当软质的面受到大小适度的球状物体施加的垂直于面的局部的力的时候，形态会产生凹凸。凹凸示意图与案例分别如图 4-21 和图 4-22 所示。

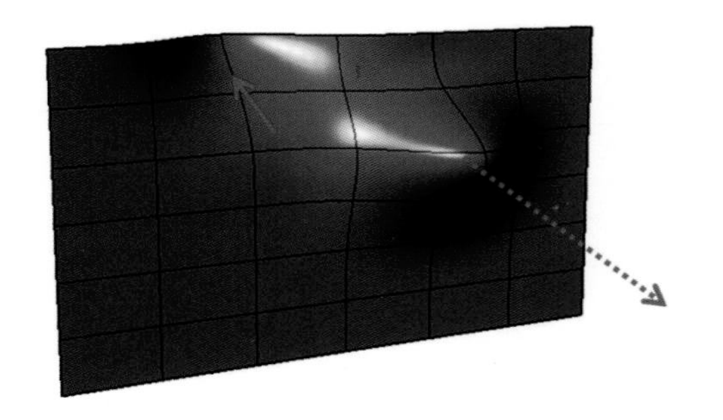

图 4-21 凹凸示意图

(a) 飞利浦 AECS7000E 电话会议扬声器

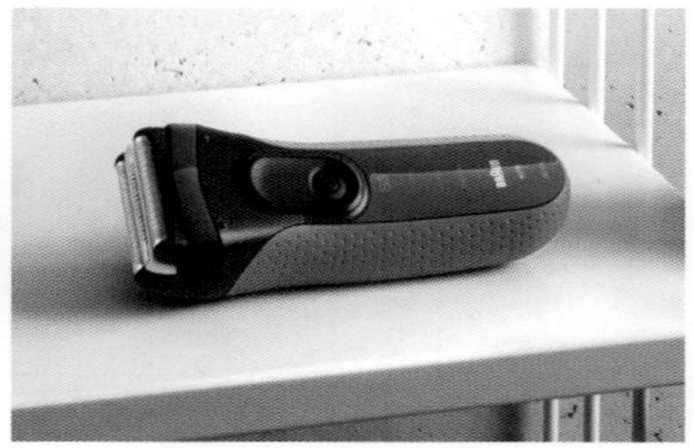

(b) 博朗 3010s 剃须刀

图 4-22 凹凸案例

（4）压力（大小适度）平行于面、线状（局部）、软、皱褶。

当软质的面受到大小适度的线状物体施加的平行于面的局部的力的时候，形态会产生皱褶。皱褶示意图与案例分别如图 4–23 和图 4–24 所示。

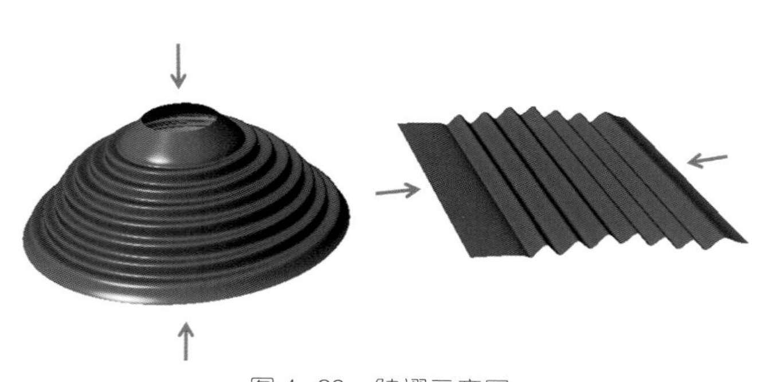

图 4–23　皱褶示意图

(a) 麦博 ULIX210 多功能家居便携音箱

(b) 概念橱柜 / 美国设计师 Karim Rashid

图 4–24　皱褶案例

（5）压力（过大）、垂直于面、线状、断开或撕裂。

当面受到线状物体施加的垂直于面的过大的压力时，形态会产生断开或撕裂，断开的形态这里不讨论，撕裂示意图与案例分别如图 4–25 和图 4–26 所示。

图 4–25　撕裂示意图

(a) Avarte 休闲沙发

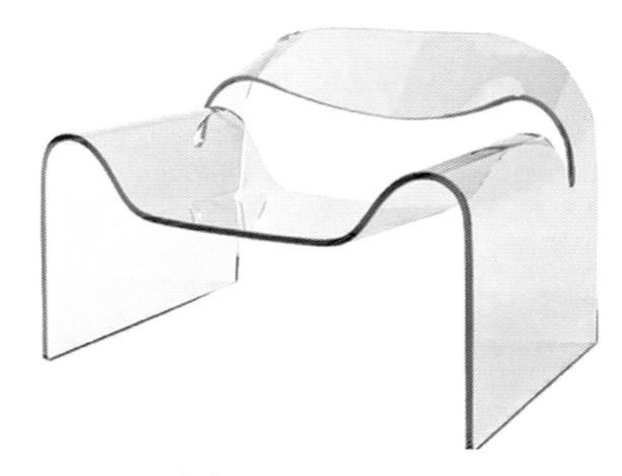

(b) 幽灵椅

图 4–26　撕裂案例

（6）扭矩力、旋转并垂直于面、软、扭曲。

当软质的面受到垂直于面的扭矩力时，形态会产生扭曲。扭曲示意图与案例分别如图 4–27 和图 4–28 所示。

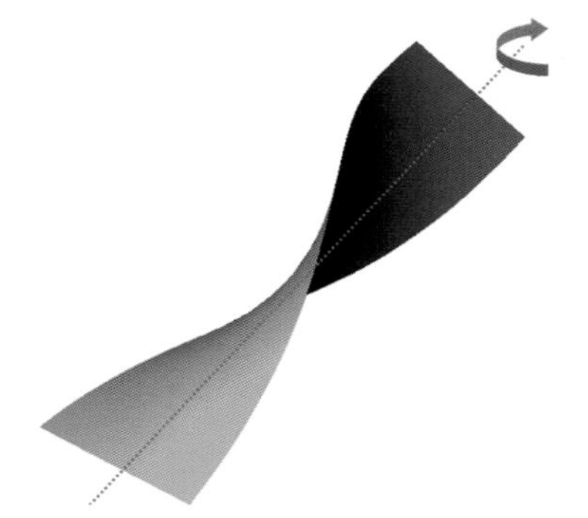

图 4–27　扭曲示意图

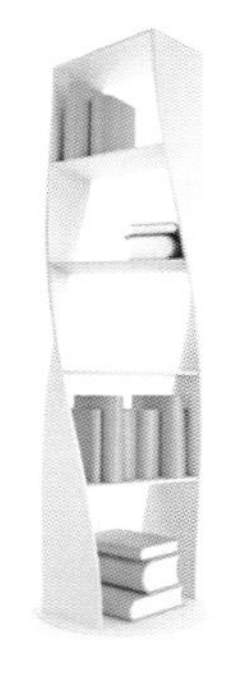

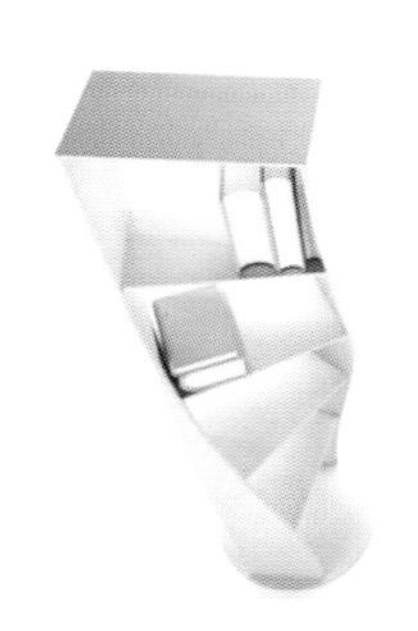

图 4–28　扭曲案例 / “MYDNA”书架

（7）自然力——重力、垂直向下、软、下垂感。

当软质的面局部被提起，受到重力的作用，其他部分会出现下垂，这样面会呈现下垂感，如图 4-29 所示。

产品形态中存在下垂感的案例如图 4-30 和图 4-31 所示。

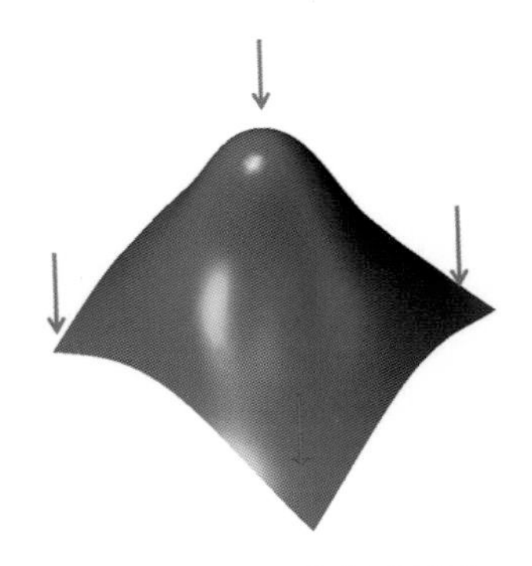

图 4-29　下垂感示意图

图 4-30　下垂感案例（一）/Hayley Stopford 等设计的水母灯 / 西班牙

(a) Scandyna 推出的 ABS 外壳音箱

(b) ohn Brauer 设计用腈纶材质设计的桌子

图 4-31　下垂感案例（二）

（8）自然力——风化、腐蚀、由外向内、圆润化。

自然界的很多物体因受到风化、腐蚀、打磨而变得圆润，产品的形态设计也有这种受力之后的形态变化，案例如图 4-32 所示。

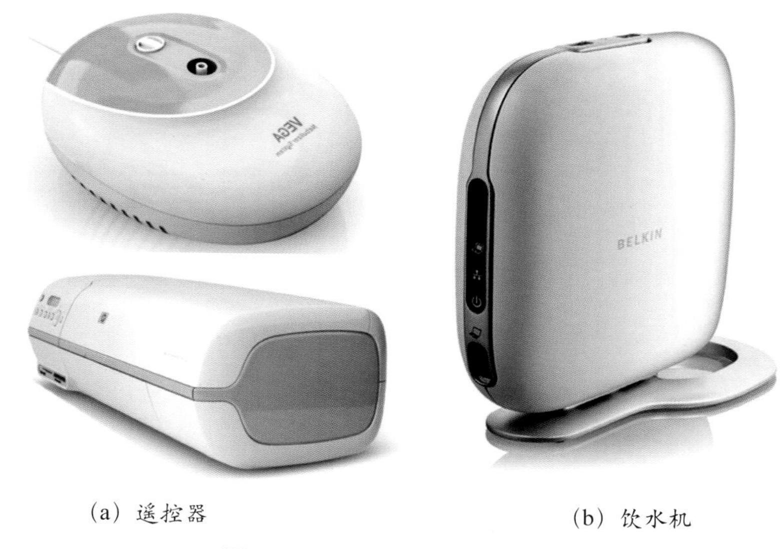

(a) 遥控器　　(b) 饮水机

图 4-32　圆润化案例

4.3.3　课堂训练题二：片材的立体化

训练内容：片材是最常见的材型，如钣金件、胶合板、ABS 板、平板玻璃等。片材经过加工，如冲压、旋压、胶合板深度立体成型、吸塑成型、模压、热弯玻璃等，都能变成立体形态。很多时候，片材只需经过简单的加工就能成为有用的产品。这种产品不仅加工成本低，而且整体感好。请结合 4.3.2 的内容将一块片材变成一件有用的产品，功能、形态不限。

训练目的：培养学生将平面形态演变为三维形态的能力，同时加深学生对材料与工艺的理解。

范例作业：参见 4.3.2 所有案例。

4.4　复合曲面中的曲面连续性与消隐线

在上一节中，我们结合“力”的概念描述了单一几何曲面与单一自由曲面，并有针对性地进行了训练。在这一节，我们将要讲解由多个单一曲面组合而成的复合曲面。

4.4.1　曲面连续性的基本概念

复杂曲面是指由多个单一曲面组合而成的曲面。在 CAID 软件中，各单一曲面之间存在多种连接关系，可简单地分为 3 种：G0 连续、G1 连续、G2 连续或 G3 连续。从数理上可对它们进行以下解释。

（1）G0，也称位置连续，指的是曲面的边缘相连接，但曲面衔接处存在折角，无平滑过渡。

（2）G1，也称相切连续，指的是曲面的边缘相连接，而且衔接缝隙处任意一点上，两个曲面垂直于衔接边方向的斜率相等，但曲率不相等。

（3）G2，也称曲率连续，指的是曲面衔接缝隙处的曲率相等。

（4）G3 连续，指的是曲面衔接处的曲率相等，而且曲率的变化率也相等。

图 4−33 以两个垂直相接的平面为例来说明 G0 连续性，图中两个面连接在一起，但只是边缘位置相连，存在明显折角，并不是顺滑过渡，这就是曲面 G0 连续的状态。

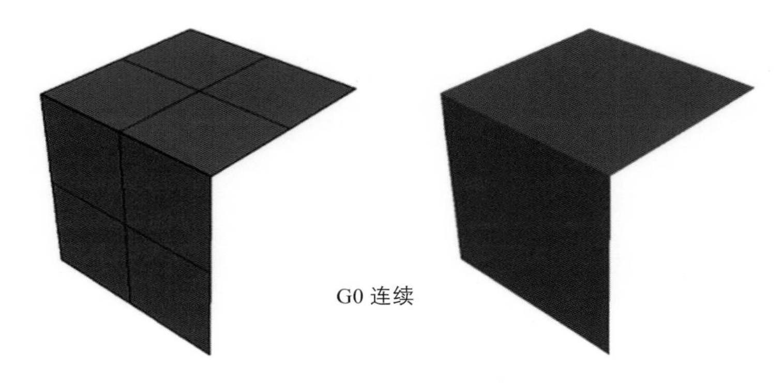

图 4−33　G0 连续性示意图

图 4−34 中，两个平面之间存在圆滑过渡，其侧面视图中过渡部分是圆弧。过渡的部分与上、下两个曲面光滑连接，但光影变化并不柔和，过渡部分与上、下两个曲面都是相切关系，即 G1 连续。

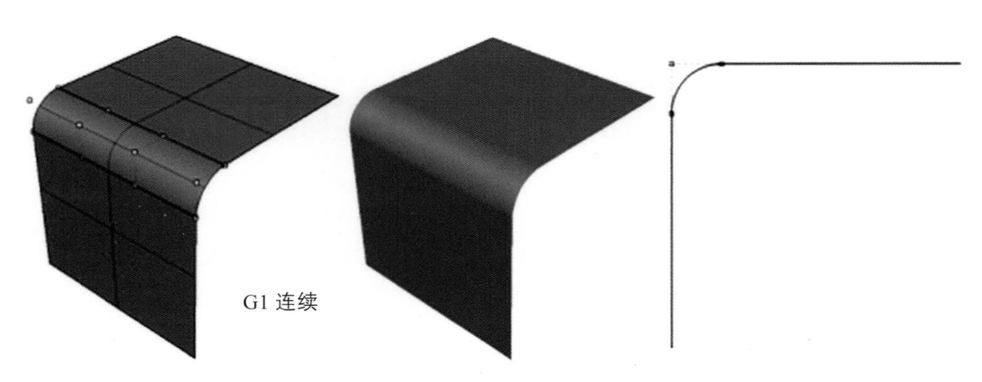

图 4−34　G1 连续性示意图

图 4−35 中，两个平面之间存在圆滑过渡，从侧面视图来看，过渡部分的上、下两个面连接顺滑，而且光影变化十分柔和，过渡部分与上、下两个曲面都是曲率连续，即 G2 或以上连续。

图 4-35　G2 连续或 G3 连续性示意图

上面是 3 种最基础的曲面连续性关系。在实际设计中，曲面之间的关系往往会复杂一些，两个曲面的连接关系是渐变的，存在 G2～G0 之间的变化。这种情况下，在面与面的交界处，就会产生一条逐渐消失的棱线，俗称“消隐线”或“渐消线”，如图 4-36 所示。

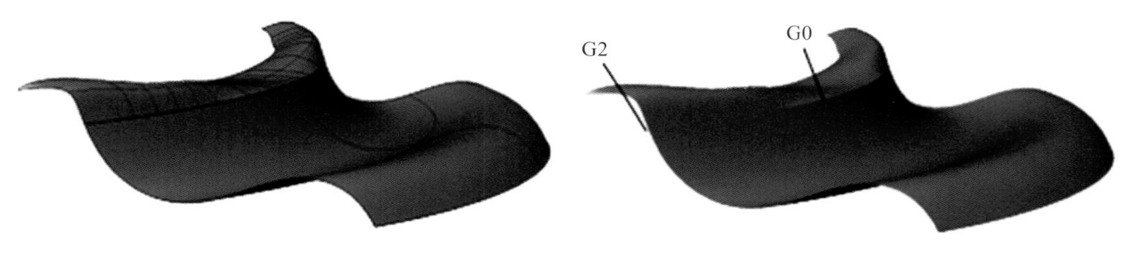

图 4-36　消隐线示意图

接下来，再结合汽车车身形态来说明曲面连续性在设计中的应用。首先看第二代 POLO 汽车的车身，我们能看到很多面板中间都存在明显折角，面板中各部分的连接关系都是 G0 连续，类似情况在 Lamborghini 跑车的车身形态中也十分明显(图 4-37)。

(a) 第二代 POLO

(b) Lamborghini 跑车

图 4-37　G0 连续案例

而 JEEP 牧马人（图 4–38）车身曲面中的相切关系较为明显，形态十分硬朗，但不是很锐利，是典型的 G1 连续；图 4–39 和图 4–40 中的汽车，曲面各部分之间则存在较多的 G2 及以上连续性，形态十分柔和，连续性更好。在最近几年生产的汽车中，曲面的连续性不再是纯粹的 G0、G1 或 G2 连续，而是往往存在多种变化，消隐线几乎无处不在。

图 4–38　G1 连续案例图 / JEEP 牧马人

图 4–39　G2 及以上连续案例图 / 仿生汽车

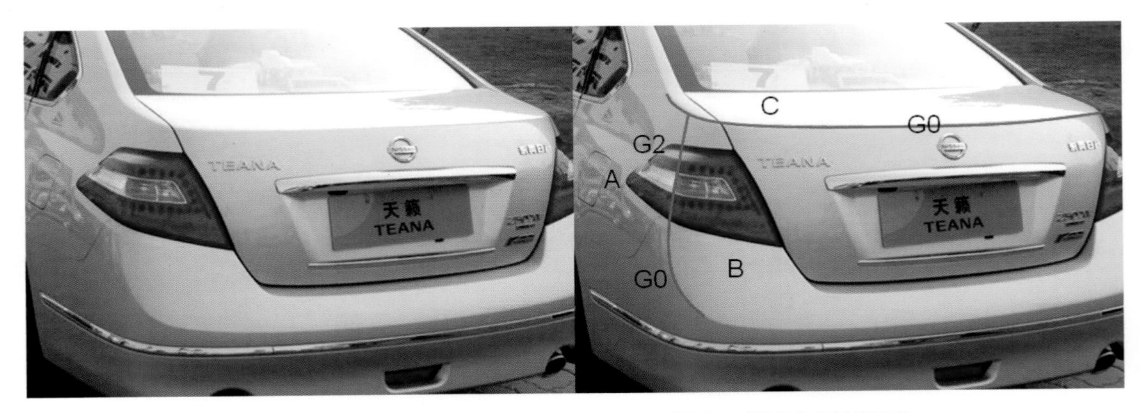

图 4–40　连续性存在变化的案例图 / 东风日产天籁汽车尾部形态

4.4.2 消隐线的两种存在形式与作用

数理意义上 G0 关系过于锐利，在现实世界中并不存在，正如再锋利的刀刃也是有厚度的，实际产品中能看到的只是“视觉上的消隐线”，并不是数理上的消隐线。

消隐线的原理前文已有描述，即曲面与曲面之间的连续性存在渐变。特别是由 G0 至 G2 的变化。消隐线在产品形态中一般有两种存在形式，第一种是“面的不完全错落”。如图 4—41 所示，“面的不完全错落”可看作将一个面剪开一个不封闭的线，然后将剪开的局部面往一个方向略做移动。这种消隐线一般有两条同时存在。这种消隐线在产品中存在的例子如图 4—42 所示。

第二种消隐线则是明显由两个面衔接处的连续性关系有变化而生成。这种消隐线一般单独存在。这类消隐线存在的案例如图 4—43 和图 4—44 所示。

消隐线的出现，使得面与面的转折关系在数理上较复杂，在视觉上更丰富，它在设计中主要有以下几个作用。

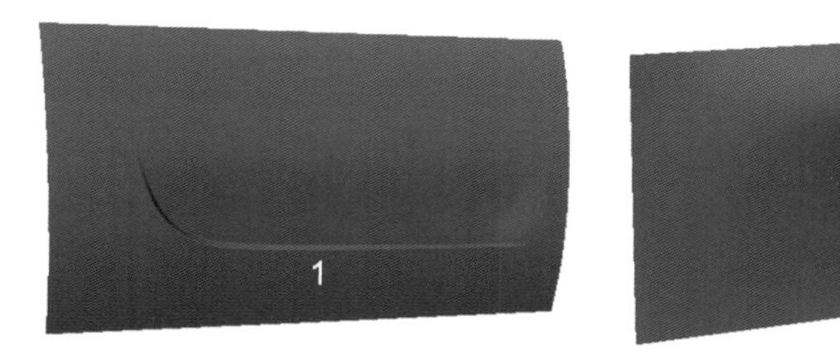

图 4—41　第一种消隐线示意图

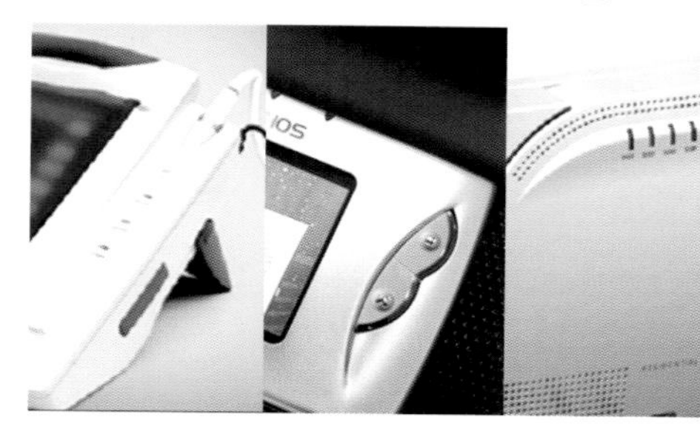
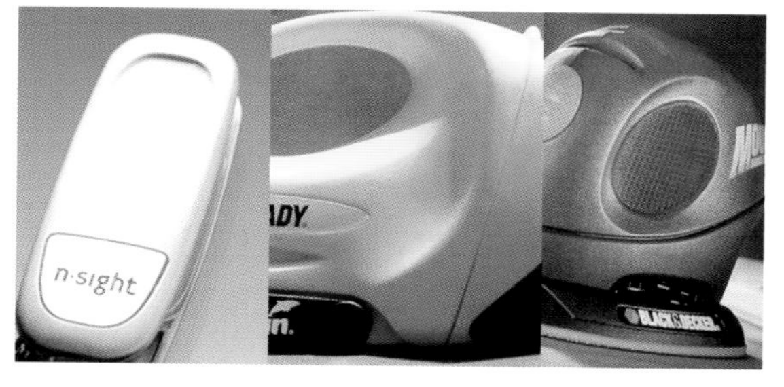

图 4—42　第一种消隐线案例图 / 产品局部

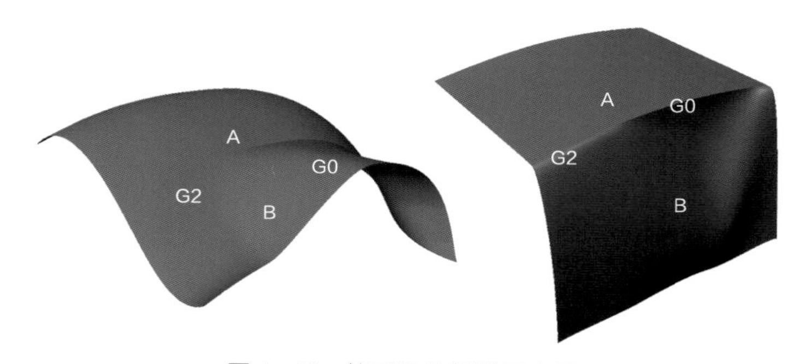

图 4—43　第二种消隐线示意图

(a) 保时捷卡宴汽车前脸形态

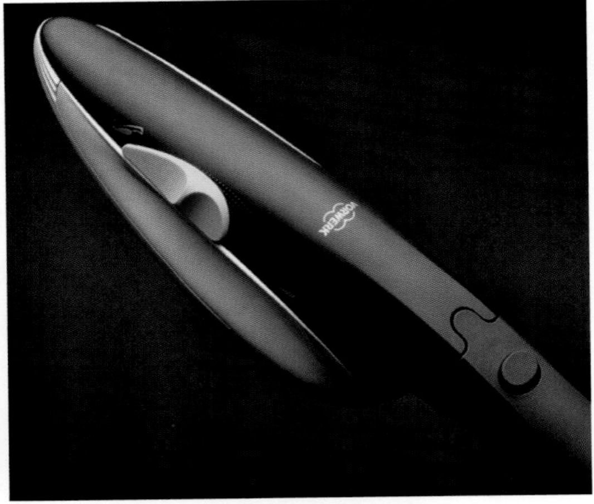
(b) VORWERK 吸尘器

图 4-44　第二种消隐线案例

（1）当形体缺乏细节的时候，消隐线常常作为装饰出现。
（2）当形体进行组合的时候，消隐线能够有效地将形体联系起来。
（3）当形体中的主体面过于柔软，消隐线的出现会让形体柔中带刚，刚柔并济。
（4）当形体中的主体面过于硬朗，消隐线营造的变化关系可以缓解视觉上的紧张。

有时候，消隐线还具有一定的方向感和指示性，并营造速度感。

4.4.3　消隐线应用案例解析

如图 4-45 所示，PHILIPS SHS3701 耳机中的消隐线有方向感，当耳机的半环形与主体相接之后，形体没有了，但方向被消隐线延续下去了，消失的方向又指示着另一个浅色图标，各元素之间被有秩序地联系起来。

图 4-46 中，产品消隐线替代了挂绳，而十字架也设计为凹槽。如图 4-47 所示，PHILIPS 搅拌机手柄处的消隐线是装饰线，左侧散热孔的分布延续了消隐线的方向。

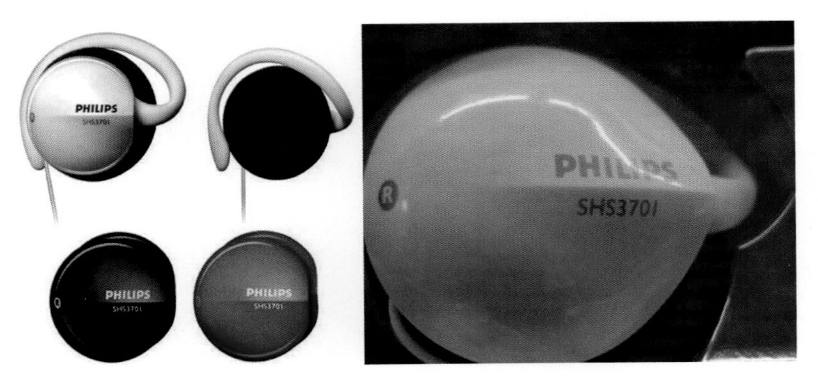

图 4-45　消隐线应用案例（一）/PHILIPS SHS3701 耳机 / 荷兰

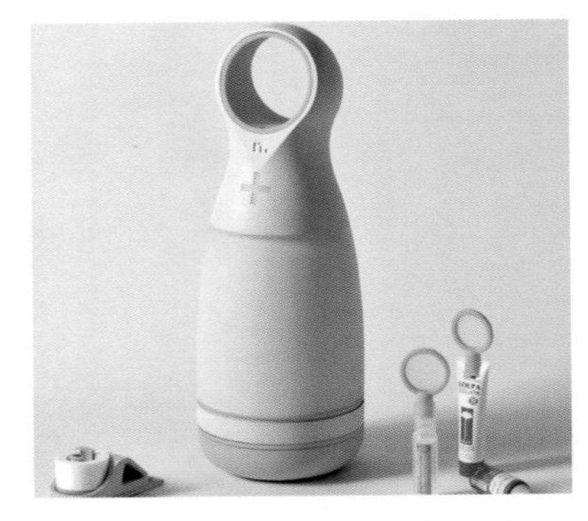
图 4-46　消隐线应用案例（二）/医疗产品

如图 4–48 所示，摩托车引擎盖上的消隐线，正好吻合人跨坐时大腿的曲线。

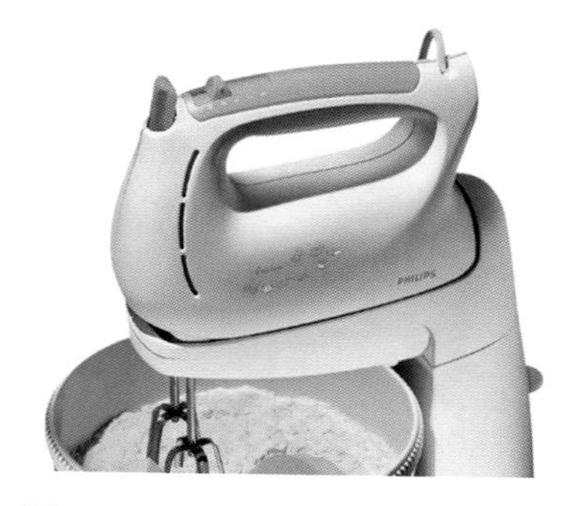

图 4–47　消隐线应用案例（三）／PHILIPS 搅拌机

图 4–48　消隐线应用案例（四）／摩托车

课后思考题

收集 10 款知名公司或知名设计竞赛中产品存有消隐线的例子，分析、思考它们在产品中的作用，制作成 PPT 进行讨论。

4.5　产品形态的连续性演绎、评价与形式周期表

本节借鉴连续性的概念，分析自然形态与人造形态存在的不对应关系，并借此揭示在功能主义的影响下，产品形态的局限性及形态连续性的内在含义。

4.5.1　自然界形态的连续性及其意义

自然界中的一些动、植物，它们的外形都具有某种特定的意义：如毒箭蛙、帝王蝴蝶身上鲜艳的色彩和肌理对掠食者是一种警示；海胆、豪猪身上的尖刺让任何路过的生物都产生畏惧感；孔雀光鲜的羽毛是炫耀或求偶的信号。

为了更清晰地对自然界的形态进行归类，我们借用工程 CAD 领域描述表面连续性的词汇：G0、G1、G2 及以上连续，在自然界的形态中 G0 和 G2 的例子随处可见：如结晶体的锋利边缘、棕榈树的扇形叶面、蜥蜴的锯齿形外表都具有 G0 特征；而海豚符合流体力学的皮肤、如水流过一般的沉积岩以及一些花瓣的优美曲线都具有 G2 特征。我们对这两类形态有完全不同的印象：位置连续 G0 的形状暗示着精密、准确、危险、构造、高保真（未经打磨的）；曲率连续 G2 的曲面则明显地表现出圆滑、典雅、流动性、优雅、精致等。

4.5.2 人工造型中的正切形态

如图 4−49 所示，隐形战斗机和凯迪拉克展示车都具有一种含有威胁性和精确特性的外形。D 型“捷豹”和 B-1 轰炸机都具有一种忧郁而又迷人的优雅。

图 4−49 人造形态中的 3 种连续性

对比自然形态，产品形态中多了一种正切（G1）形态，它们能给人一些非常特别的感觉：效用感、功能感、高效感、实用性和目的感等。

自然界中 G0 与 G2 的形态随处可见，而 G1 形态的例子却几乎不存在。然而，G1 形态在产品形态中却极为常见。Nokia8250 手机是正切形态、DeWALT 手电钻是正切形态、戴森真空吸尘器系列等都是正切形态（图 4−50）。

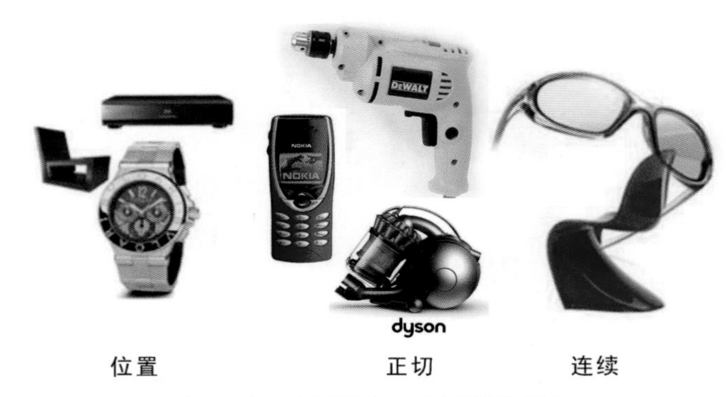

图 4−50 人造形态中的连续性运用

为什么人们会设计 G1 的造型呢？追溯设计史，发现有两种原因。

（1）在 20 世纪上半叶，由于制造技术和早期 CAD 技术的限制，人们不得不使用几何化的直线、圆弧曲线来描述形态，以实现工业化的大批量生产。即使在今天，技术也还是设计的限制因素之一，就像我们可以依靠圆规绘制正圆，也能依靠结构略复杂的椭圆规画椭圆，但我们却没有工具画出与画面成角度的圆的透视；我们可以用圆规画出两个垂直但不相交的直线中间的四分之一圆弧作为相切过渡，却无法依靠实物工具在它们中间画出曲率连续的过渡曲线，如图 4–51 所示。可以说，G1 造型是源于人们想象的一种构造，一种旨在简化产品开发而将功能形式进行概括的设计，它是人们最容易理解和表达的曲面存在形式。

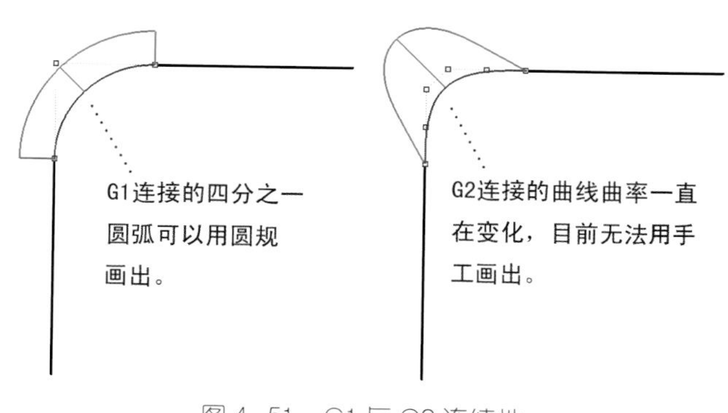

图 4–51　G1 与 G2 连续性

（2）因为受到包豪斯理想的影响，20 世纪设计界最流行的一句话是“形式跟随功能”。从实用性角度来讲，过多的曲面似乎并不比 G1 造型更有优势。

4.5.3　连续性繁殖与形式周期表

弄清楚位置连续 G0、相切连续 G1、曲率连续 G2 之后，我们再来看看美国的 Alchemy Labs 团队制作的一张图表，它首先应用连续性的 3 个种类来构成一个基线结构（图 4–52）。接着，将这些形式进行杂交，建立混合形式。这样做的结果就是开始出现一个基于相关意义的周期性的样式表，称为形式周期表。有了这个图表，我们可以有序地进行产品形态的推演。

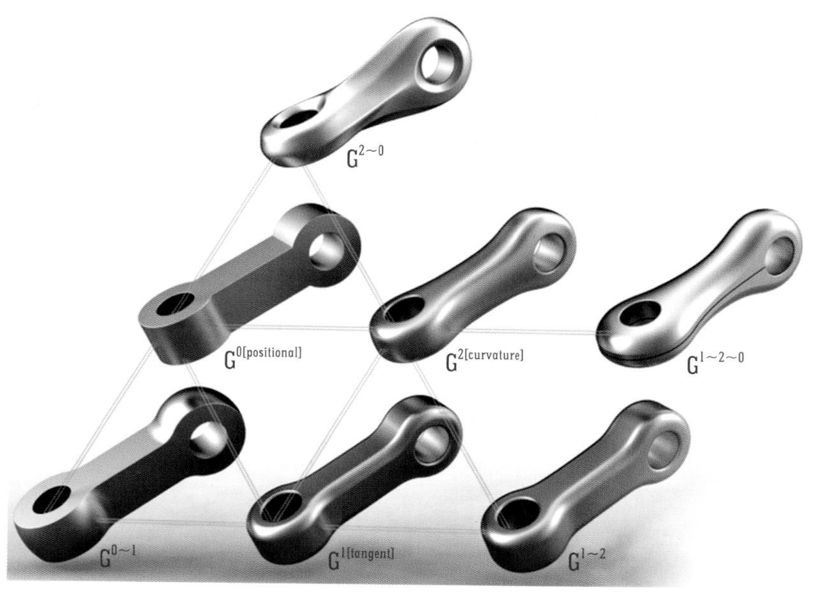

图 4–52　形式周期表 /Alchemy Labs 团队

最后，我们对上述知识总结如下。

（1）连续性 G0、G1、G2 对应的造型，各自传达不同的意义，其中 G0 的造型给人以精密、准确、危险、构造、高保真等感觉；G1 的造型会显得更具有实用性、目的性、高效性、功能性等；G2 的造型则给人圆滑、流动、优雅、精致等感觉。

（2）3 个类别的连续性经过混合之后，传达出的感觉也是混合的。

（3）产品的自身特质与产品造型所传达的气质之间的契合程度，是评判形态优劣的标准之一。

课后思考题

无叶风扇的形态设计【参考图文】

1. 在汽车领域，人们常说法系汽车浪漫、德系汽车严谨、韩系汽车新锐时尚、美系汽车霸气，请在雪铁龙、大众、起亚、别克中各找一款紧凑型汽车，分析它们的线条特征、块面连续性关系与汽车的个性之间的关系，制作出不少于 30 页的 PPT 进行说明。

2. 请分析 2003—2016 年东风悦达起亚车型的演变，说出这些变化与曲面连续性的关系，制作出不少于 30 页的 PPT 进行说明。

4.6 借鉴已有形态的设计手法

前面从二维到三维、从平面到曲面、从单一曲面到复合曲面，再从单一的连续性到曲面连续性繁殖，讲解了产品形态设计的方法，其基础是 CAD 领域中的 Nurbs 基础四边面与连续性概念。本节与前文不同，将会讲解通过借鉴已有形态来设计产品形态的手法，这种设计手法的特点在于有一个具象的参照物。

借鉴已有形态的设计手法可以分为仿生、仿物、情景模拟 3 类。仿生是对自然形态的模拟，包含动物、植物、微生物以至宇宙万物的形态；仿物是对现有人工造型的形态、材质等的模拟；情景模拟主要指模拟某一种静止或运动的情景。

借鉴已有形态的设计手法需要把握两项原则：一是所借鉴的元素与产品本身存在某种关联，二是借鉴之后有利于实现设计创意。借鉴只是一种技法，而不是目的。

4.6.1 仿生产品形态设计案例赏析

仿生设计在产品形态设计中应用广泛，研究、应用天然的生物形式，通过提取、简化等方式，对研究对象进行造型演变，力图呈现、模拟大自然的美。如图 4-53 所示为日本设计师深泽直人设计的果汁饮料包装，灵感来自一种常见的水果；而可爱的 Birdladle

餐具借用鸭子的形象进行仿生设计，为汤勺设计一个托盘让它像鸭子一样稳稳站立。Bloom 吊灯如绽放的花朵，借鉴了花瓣的结构，可通过光感度自动开启或关闭。

(a) 果汁饮料包装 / 深泽直人 / 日本

(b) Birdladle 餐具 / DAWN Creative Industrial Design Lab

(c) Bloom 吊灯 / Constantin Bolimond/ 俄罗斯

图 4-53　仿生形态案例

4.6.2　仿人造物产品形态设计案例赏析

美国 Q Design 公司推出了一款手镯充电宝 Q Bracelet，如图 4-54（a）所示，模仿的是手镯的造型。这款充电宝既是时尚的手镯，还是移动电源，适用于 iOS 和 Android 设备无线充电；Mondana Bag 是一个手提袋形状的实木凳子，如图 4-54（b）所示。

如图 4-55 所示为北京故宫系列文创产品。它以故宫各类牌匾为模仿对象，将御书房、养生殿、冷宫等牌匾微缩还原设计为磁性冰箱贴，可用于居家、办公多种场合。

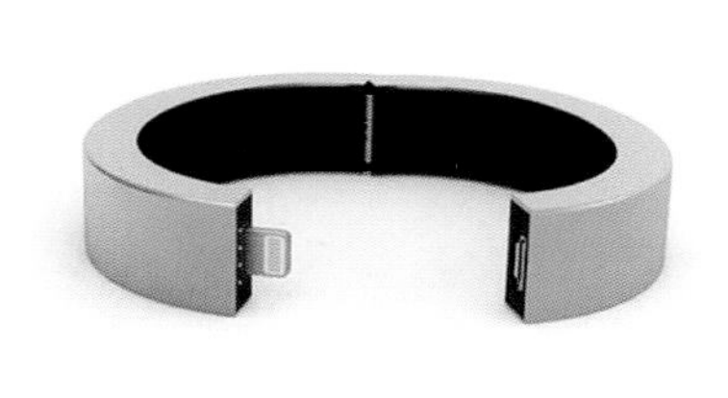

(a) Q Bracelet

(b) Mondana Bag

图 4-54　仿人造物形态案例

图 4-55　北京故宫系列文创产品

4.6.3　情景模拟产品形态设计案例赏析

如图 4-56（a）所示，是根据火山喷发的过程，由韩国设计师 Dae-hoo Kim 设计的一款加湿器；如图 4-56（b）所示，是 BKID 公司为冬季奥林匹克运动会设计的山脉样式的创意办公用品。如图 4–57（a）所示，一个手机支架的造型源于泼洒的星巴克饮品，而图 4–57（b）中的情景氛围灯具借鉴了远山的景色。

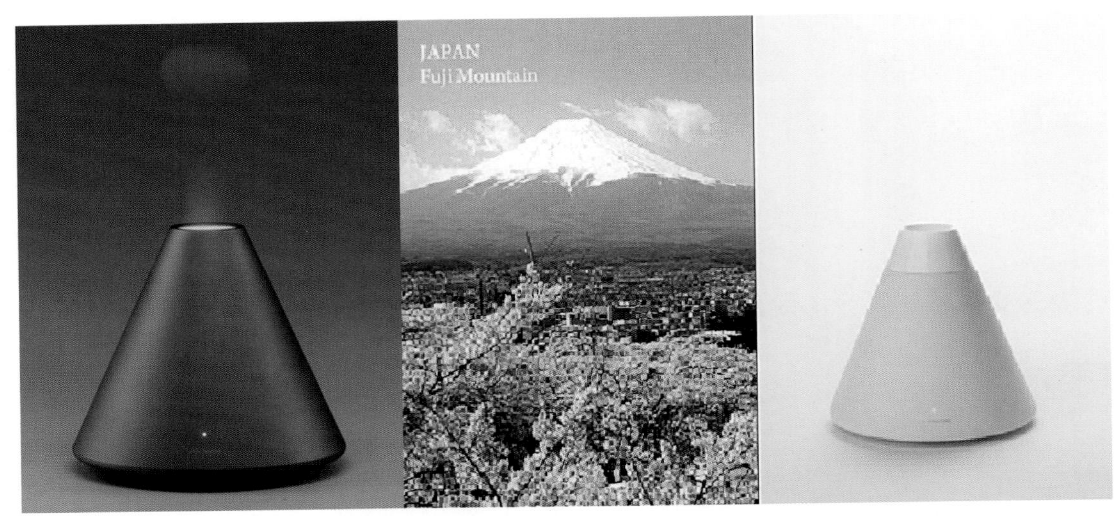

(a) 加湿器（Volcano Humidifier）/Dae-hoo Kim/ 韩国

(b) 创意办公用品 /BKID 公司 / 韩国

图 4–56　情景模拟产品形态设计案例

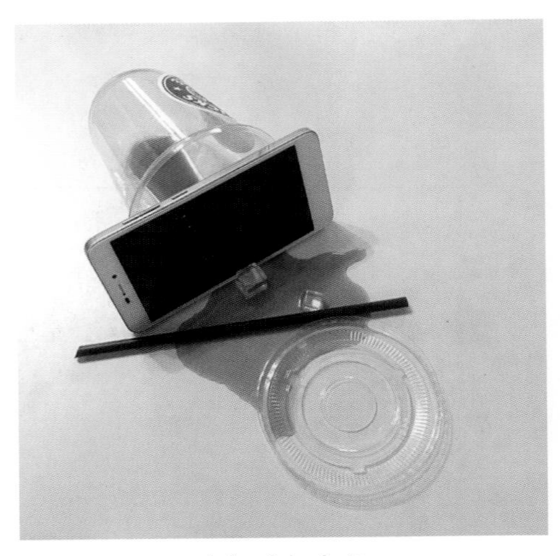

(a) 手机支架

(b) 情景氛围灯具

图 4–57　模拟一种情景的产品案例

课后思考题

请在家具、数码产品、汽车等类别中选择一类产品，搜集它们中采用了借鉴设计手法的20个案例，思考设计素材与所设计的产品之间的联系，以及设计师是如何对素材进行处理使之符合需求的。

单元训练和作业

练习题

1．曲面受力变形训练

选择一款台式计算机的机箱，采用本章所讲述的方法，将机箱的面板进行变形设计，得出5种不同的造型。

要点提示：通过曲面受力变形的方法能丰富造型的可能性，设计中还应考虑造型与功能、材料等的关系，避免为了造型而造型，偏离了设计目的。

容器设计作业欣赏
【参考图文】

2．带手柄机油壶的壶身设计

自主设计一款带手柄机油壶的壶身，有手柄和壶嘴；造型尺寸符合给定范围：高330（±30）mm，宽220（±30）mm，厚90（±20）mm，手柄孔洞最长处120（±20）mm。完成4张A3幅面的图稿，第一张含6个以上的平面视图手绘稿；第二张形态演绎稿是在平面手绘稿中选择一个平面图演绎三维形态，得出5个或以上的造型；第三张渲染稿包含三视图、透视图和多种配色图的计算机设计稿（软件不限）；第四张是文字和虚线标注，说明设计思路。

要点提示：综合考虑本章所学的知识，如逆向投影法、几何体组合分割与排列、单一几何曲面、单一自由曲面、复合曲面、消隐线以及形式周期表等，能综合运用特征线、控制线、形体组合、曲面连续性等；注意功能与容器形态和色彩的匹配度。考虑吹塑成型工艺的拔模问题；注意标签的造型需要（平面或者单曲面以供贴纸，双曲面不能贴纸），贴纸位置与内容（印有品牌、产品名称、使用指南、生产地址、容量等信息）。

3．无叶风扇的形态设计

综合考虑本章所学，完成无叶风扇的形态设计，要求造型协调、结构严谨、功能完善；形态与结构设计符合生产实际，色彩搭配美观。要求 A4 草图 3～5 幅、完成整体效果图、场景图，尺寸图，并在 A3 尺寸的纸上进行最终排版。

扫地机器人的形态设计【参考图文】

4．扫地机器人的形态设计

查找相关资料，对扫地机器人进行形态设计，完成一款市场化程度高、符合特定客户需求、有价值的方案；科技感强，时尚炫酷；主要的设计处理可集中在正面部分，以及正面与侧面的造型衔接方式。要求 A4 草图 5 幅、完成整体效果图、场景图、尺寸图，并在 A3 尺寸的纸上进行最终排版。

5．通过对龟背竹的介绍，提取其中的形态语义，设计一个产品造型

内容要求：（1）有合理的功能性；（2）画出效果图、三视图。

答题要求：（1）绘制在一张 A2 绘图纸上；（2）画出 5 个不同的设计方案；（3）选出其中一个设计方案进行表现，画出设计图并辅以适当的文字说明；（4）表现方法不限，尺寸比例自定。

龟背竹的特征介绍：龟背竹又名蓬莱蕉等，为天南星科常绿藤本。株高可达数米。茎粗壮，节部明显，茎节上生有细长的电线状的气生根。幼叶呈心脏形，无孔，长大后叶片呈广卵形，羽状深裂，革质，深绿色，叶脉间有椭圆形穿孔，孔裂纹形似龟的背纹。佛焰苞浅黄色，长约 30cm，革质，边缘反卷，内生一个肉穗状花序。浆果球形，成熟后可食。原产墨西哥热带雨林中。（本题为 2018 年清华大学美术学院科普硕士研究生入学初试试题）

思考题

1. 在 Nurbs 建模软件中绘制一个立方体，将其一个边缘分别倒角 3 次，作出 G0～G2 三种不同层次的连续性，思考这种连续性的实际效果。

2. 结合本次容器设计训练题，思考自己在练习中的收获，并与同学进行交流。

第五章

产品形态设计专项训练

课前训练

内容：选取30款不同类别的产品，根据产品属性分类解读，分析其产品形态成因，包含形态要素解读、功能解读、部件之间的结构解读、材料工艺解读、文化时尚元素解读，以及企业背景下的视觉要素解读等。用4开纸进行样本资料分析。

注意事项：注意所选择的30款不同类别的产品形态尽量多样化，单一解读和分类比较解读同时进行。

要求和目标

要求：理解产品形态设计中功能主导的设计；
理解产品形态中的各种结构原理对产品形态的影响；
理解并掌握材料工艺对产品形态的制约；
理解并掌握形态设计中关于时尚元素和中国文化元素的运用；
理解企业背景下的产品形态设计原则。

目标：学习本章后，要求学生具备能从不同角度进行产品形态设计，包含形态功能主导、结构主导、材料工艺制约下的产品形态设计能力，能设计出符合特定要求的产品形态。

本章要点

功能主导、结构类别、材料工艺、时尚、中国传统文化、企业特征形象。

本章引言

产品形态是产品设计系统的终端呈现，涉及产品功能、结构、材料与工艺等要素，以及环境要素中的社会环境、企业环境、使用者等。在不同类别的产品设计中，形态的出发点与表达方式各有不同的侧重点，本章将从产品系统中不同要素影响下的形态设计方法角度予以分析与讲解，并辅以实例进行说明。

5.1　产品功能主导下的形态设计训练

使用方式是联系产品形态与功能的基础，是“使用”让功能的目的得以实现，而形态是功能和使用之间的桥梁和媒介，现代工业产品的形式审美不是对产品表面的简单美化或纯粹装饰，而是产品功能的外在表现，是产品功能的传达者。包豪斯时期，工业设计的先驱们提出功能决定形式的设计理论，为现代工业设计的发展奠定了理论基础。

课前训练：搜集并解读基于功能主导的产品形态设计。

训练内容：“坐”的形态设计练习。

训练注意事项：任何产品的设计都离不开功能与形态这两个基本要素，形态必须满足功能，在系统功能基本确定的情况下，形态才能够随之依据其他方面的需求发生相应的变化。

5.1.1　产品的使用功能决定产品形态的基本构成

形态以功能为依据，为功能服务，功能的不同会直接导致产品形态的差异。离开功能的依托，形态就失去了存在的意义。形态好似一把双刃剑，合理的产品形态有助于功能的实现；反之，则有可能阻碍产品实现预定的功能。

对于结构复杂、生产批量大、制造难度高、强调产品使用功能的产品，如机械设备、仪器仪表、家用电器、通信设备、医疗器械等产品，应首先考虑产品的使用功能，在此基础上，再根据产品的具体情形探讨合适的美学法则进行形态设计，以传达设计的文化、情感等方面的内涵，或强调产品的使用功能（图 5–1 至图 5–3）。

图 5–1　手钻 / WORX

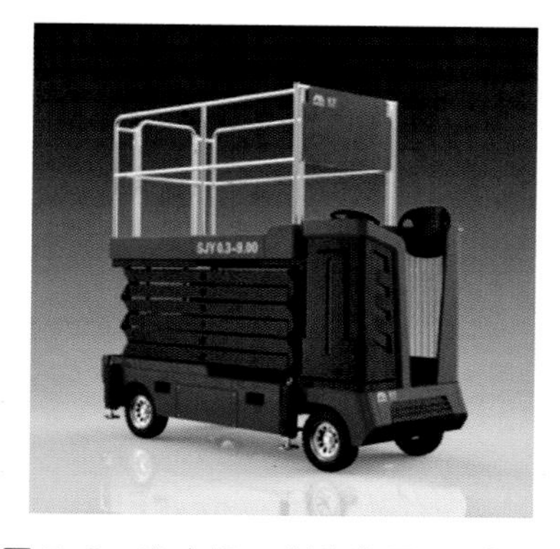

图 5–2　堆高机 / 学生作品（王永刚）

图 5–3　叉车 / 学生作品（陈鹏）

图 5–4　多功能早餐机 / Donlim 产品 / 美国

5.1.2　产品功能的增减带来了形态的变化

当今社会多功能的产品越来越多，这种集多种功能为一身的产品设计是人类需求、科学技术发展和市场规律的结果。新材料、新能源、微电子的发展和应用，使得完成单个产品所需要的材料的体积、重量和成本都在下降，使多功能集成成为可能。图 5–4 中为集合了烤面包、煎蛋、煮蛋等功能的多功能早餐机。

5.1.3　审美功能的价值取向影响产品形态的风格特征

消费者的审美需求与价值取向，对于产品的外观形态有相应的视觉要求，以符合他们的体验预期。因此，一件产品只有迎合了特定消费者的价值观念和审美情趣才能被接受，特别是在当今社会物质极大丰富、市场商品十分充裕的情况下，一件缺乏现代审美意识或并无多少文化内涵的产品，在市场上是很难有竞争力的。

图 5–5 和图 5–6 中的钻石面和流动体是在不同产品类别中的相同形态表面属性，非常符合当下的审美取向。

图 5–5　钻石面

图 5–6　流动体

5.1.4　产品形态设计实例

以功能为主导的形态设计步骤：首先确定产品的主要功能，其次将主要功能分解为多个子功能，对已有的子功能按二级功能模块展开，在确保实现产品总功能的同时，根据逻辑结构顺序完成产品的最终设计。

作品案例一：Clean your mind 家用洗鞋机（设计师　周聪）

基本功能：清洁鞋子

辅助功能：定时清洗、消毒杀菌、快速烘干。

功能整理：对产品的功能进行分析整理。采用直接法对家用洗鞋机的功能进行分析，明确必要的功能，找出多余的功能，正确地把握功能领域，确定并改善功能的级别。Clean your mind 家用洗鞋机零部件名称及功能定义，见表 5-1。

表 5-1　Clean your mind 家用洗鞋机零部件名称及功能定义

序号	零部件名称	功能定义
1	壳体	组合保护零部件
2	内筒	保护核心部位
3	盖子	保护机体的运转
4	挡板	增加美感
5	进水口	放水
6	烘干室	对鞋子进行烘干消毒
7	扇叶	高速旋转，产生风能
8	进气口	吸收空气
9	紫外线灯	放射消毒光线
10	底座	支撑机体
11	可伸缩支架	放置鞋子，辅助清洗
12	振荡器	发出超声波清洁鞋子
13	操作区	控制操作状态

Clean your mind 家用洗鞋机的功能流程如图 5–7 所示。

图 5–7　Clean your mind 家用洗鞋机的功能流程

设计背景：针对人们生活中清洗鞋子的问题。目前人们清洗鞋子的方式主要有手洗和机器洗两种，手洗的方式费时费力，因此便诞生了洗鞋机。不过，洗鞋机虽然可以洗鞋，也存在很多限制，主要问题是洗涤往往不彻底、鞋的内部清洗不到位、容易破损等。

目标创新点如下。

（1）用可伸缩旋转支架对鞋子进行固定，可以根据系统来控制支架的长度。

（2）采用组合超声波清洗技术，在鞋楦固定架中装入振荡器，以实现对鞋内部的清洗。

（3）采用立体喷淋水流技术，在内筒上对支架上的鞋子进行喷淋。

（4）烘干室内含有紫外线灯，可以对鞋子进行消毒杀菌。

（5）全自动智能控制调节，洗鞋过程中无需人工劳动。

围绕目标创新点，以简约、大气、科技、时尚为设计风格，展开前期概念构思草图，如图 5–8 所示。

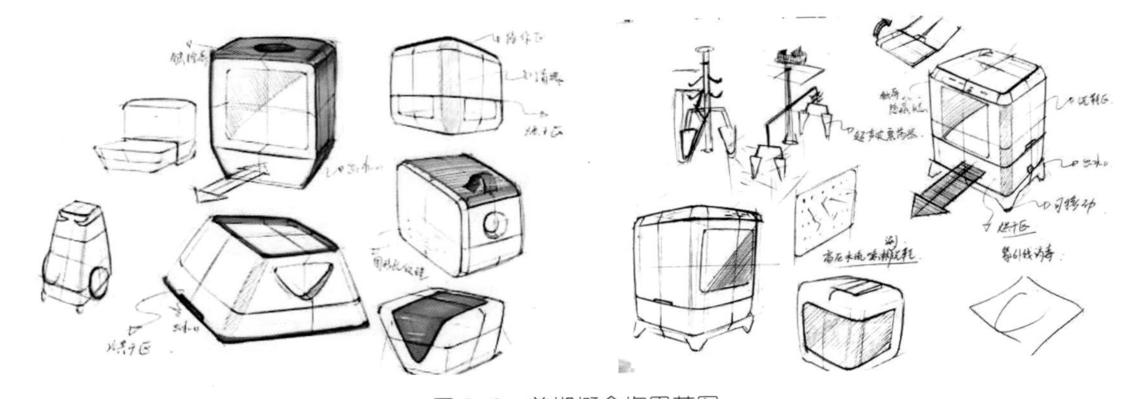

图 5–8　前期概念构思草图

在致力于解决鞋子清洁、解放双手、晾晒保养等问题的基础上，融合现代超声波与立体喷淋水流清洗技术，配合快烘、消毒等功能继续进行草图绘制，如图 5–9 所示。

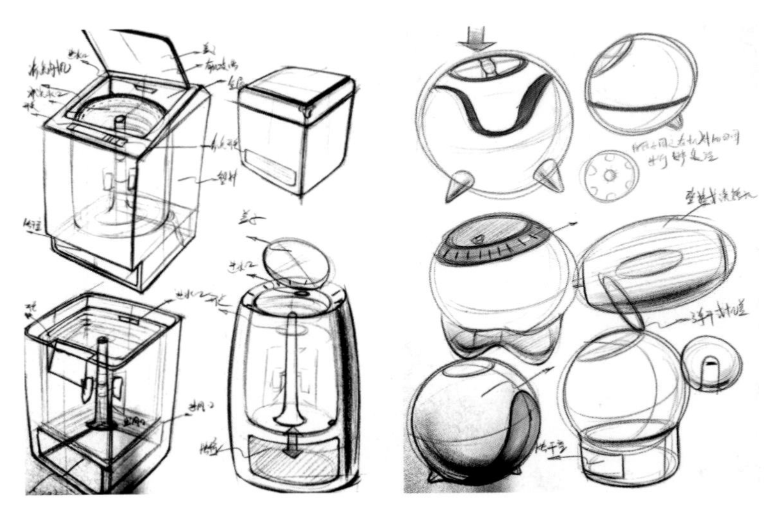

图 5–9　后期形态草图

为了突出科技感，顶部设有液晶面板显示操作屏，适应功能的增加。洗鞋机的底部设置烘干室，在保持产品整体感的同时呈现层次感，如图 5-10 所示。洗鞋机的外观整体采用浅色系，局部辅以深色的玻璃，中部增加可发光的 LED 灯的装饰条，显得简约而时尚，如图 5-11 所示。

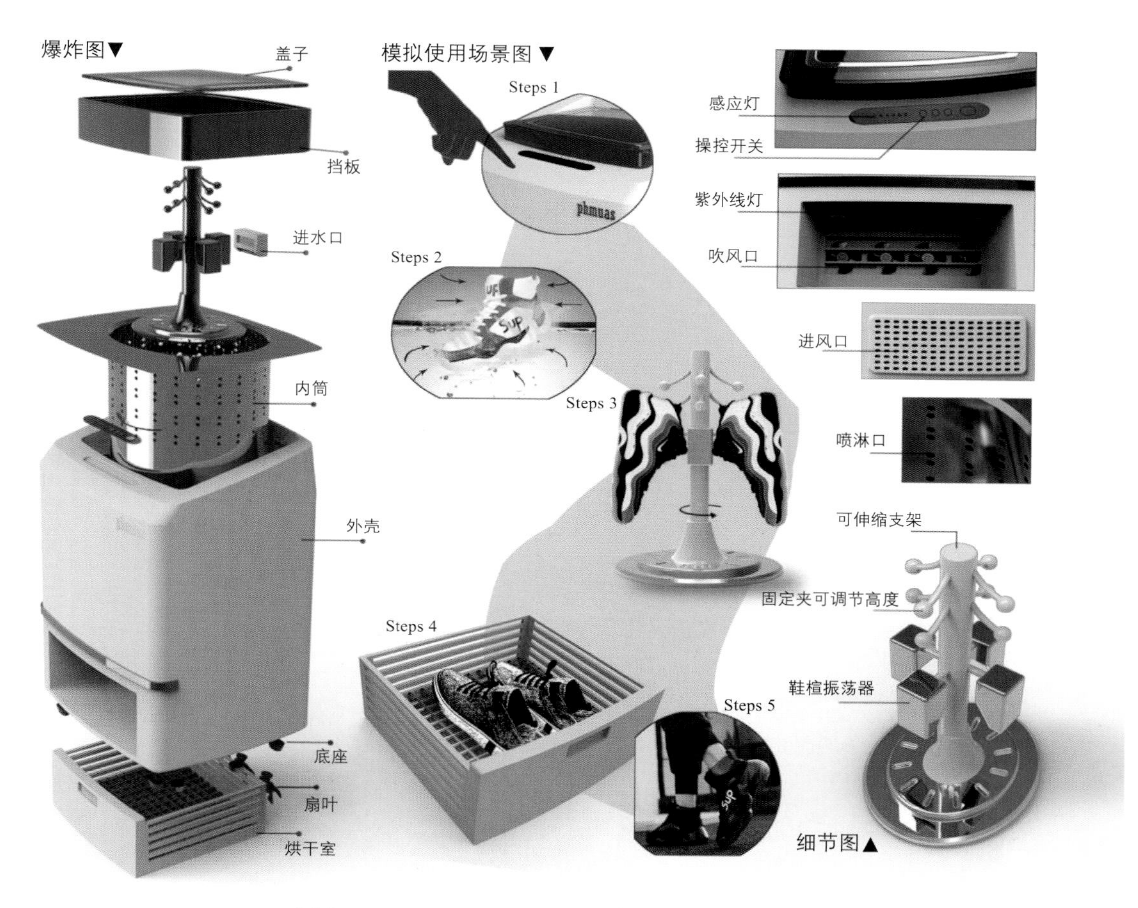

图 5-10　Clean your mind 家用洗鞋机细节展示图

图 5-11　Clean your mind 家用洗鞋机效果图

这款洗鞋机以解决用户生活中洗鞋的问题为出发点，针对用户在洗鞋过程中的痛点，最大限度地满足用户在清洁效果方面的需求。产品融合多种技术，操作简单，功能丰富，符合现代家居产品的定位，在产品的安全性、实用性、便捷性方面都有所突破。

作品案例二：五度书架（设计师　杜勤勉）

设计起因：五度书架的灵感来自一次在图书馆看书的经历。设计师在学校图书馆从书架上拿出一本书的时候，发现有部分在外侧的书会随之倾倒，然而书挡很难承受书的重量，导致书架上的书东倒西歪，既不美观也不方便图书的拿放。于是就思考如何用设计解决这样的问题。五度书架的功能分析如图 5−12 所示。

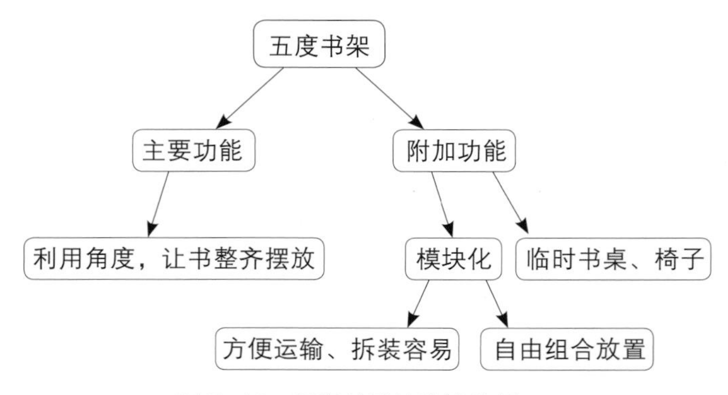

图 5−12　五度书架的功能分析

主要功能：增加角度，解决图书容易倾倒的问题。

附加功能：模块化；便于拆装、运输；可自由组合、搭配。

利用人机尺寸，让书架可以成为临时的书桌、椅子。

（1）当设计师发现当图书向一侧倾斜时，书不但不会倒，而且还很美观，于是便在保持原有书架的基本框架中加入了一个小的角度，利用自然重力的原理，让书不用借助外在工具就可以很好地摆放在书架上，不仅节约了空间，也方便了书本的拿放和维护，如图 5−13 所示。

（2）模块化。通过模块化设计将书架造型设计为长与宽两种配件，组合一个书架各需要两个长、宽配件。由于是扁平化设计，所以拆分开的书架非常节省空间，同时也便于运输。组装时也十分便利，配合 4 组螺丝就可以完成安装，如图 5−14 所示。

由于采用模块化设计，因此在放置书架时，可以根据空间及自己的喜好进行摆放，如图 5−15 所示。同时，在书架尺寸设计方面，书架的长边是短边的两倍，这样的尺寸设计让书架有了更多的组合可能性。

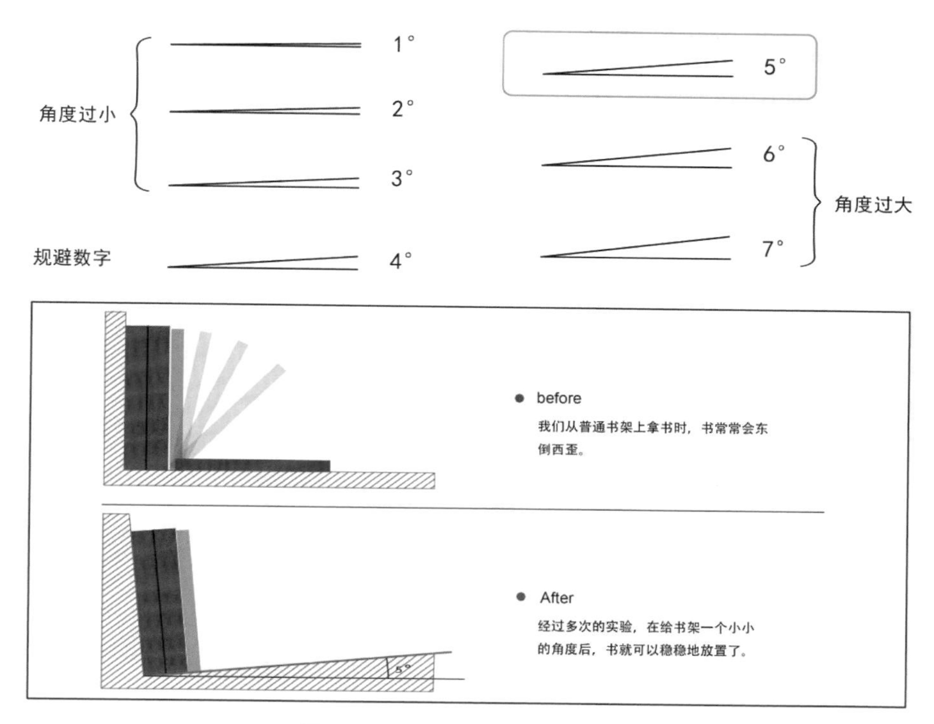

图 5-13　改变书架的角度分析

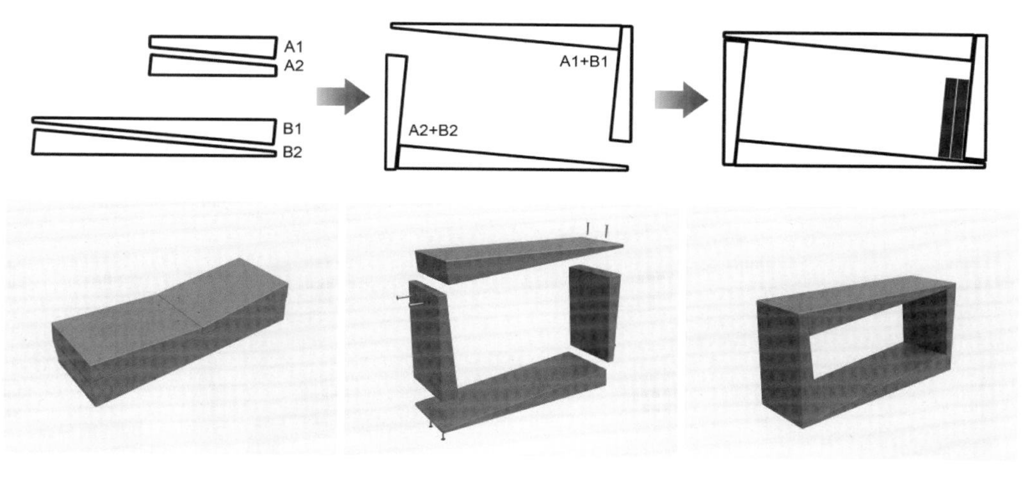

图 5-14　书架模块化初步设计

图 5-15　书架模块化步设计方案的确立

我们在看书时常需要用到桌子和椅子，如果书架有这样的功能岂不是更方便？设计师根据这个想法对书架进行新功能的叠加。根据人体工程学可知，人体坐骨节点高度在390～420mm最佳，而桌子在750～800mm最佳。因此，将书架长宽尺寸分别确定为长800mm，宽400mm，看似简单的尺寸设定，却让书架具备了新的功能。五度书架作为桌椅的使用场景图，如图5-16所示。

图5-16　五度书架作为桌椅的使用场景图

五度书架的设计效果图如图5-17所示。

图5-17　五度书架的设计效果图

5.2　产品结构影响下的形态设计训练

产品设计力求创造出功能与审美兼顾、最具价值的产品。这其中，功能是产品设计的起点与目的，结构是产品功能得以实现的物质承担者，即产品结构影响着产品的功能、丰富着产品的形态，是功能与审美的基础与结合点。

课前训练：搜集并解读基于结构主导的产品形态设计。

训练内容：基于产品结构创新应从基于结构创新、基于结构变化这两方面展开。

5.2.1　基于结构创新的产品形态设计

从历史的角度来看，结构的发展实际上是科技进步的结果，新的结构往往导致产品形态发生革命性的改变。在产品最终形态所表现出的美感的组成要素中，产品的结构形式是否新颖独特十分重要。一种具有独特结构的产品，会给人以强烈的视觉冲击力，可以激发人们的购买或使用欲望。

如图 5–18 所示的这一款 Lil Torch 折叠手电筒，既可以拉伸至 163mm 长，也可以折叠成只有 42mm 的长度。手柄塑料坚固结实，而且防水防尘。

图 5–18　基于结构创新的产品设计 Lil Torch 折叠手电筒 /Antonio Serrano/ 墨西哥

5.2.2 基于结构变化的产品形态设计

产品的形态结构关系是决定产品形态的关键，结构变化以组成产品的主要形体单元的相互排列和组合形式作为变量，从而产生多种设计形态。通常，可从以下几个方面来考虑结构变化。

（1）改变运动形式：如水平运动变为垂直运动、直线运动变为旋转运动等。例如手机样式中的直板式、翻盖式、推拉式、旋转式。每次手机结构样式的变化，都将带来手机产品形态的改良，如图 5–19（a）所示。

（2）改变单元位置：如将组成单元的顺序改变，上下、里外、正反颠倒，如图 5–19（b）所示。

（3）增加或减少单元数量，如图 5–19（c）所示。

（4）采用产品的某些部件产生新的功能，如图 5–19（d）所示。

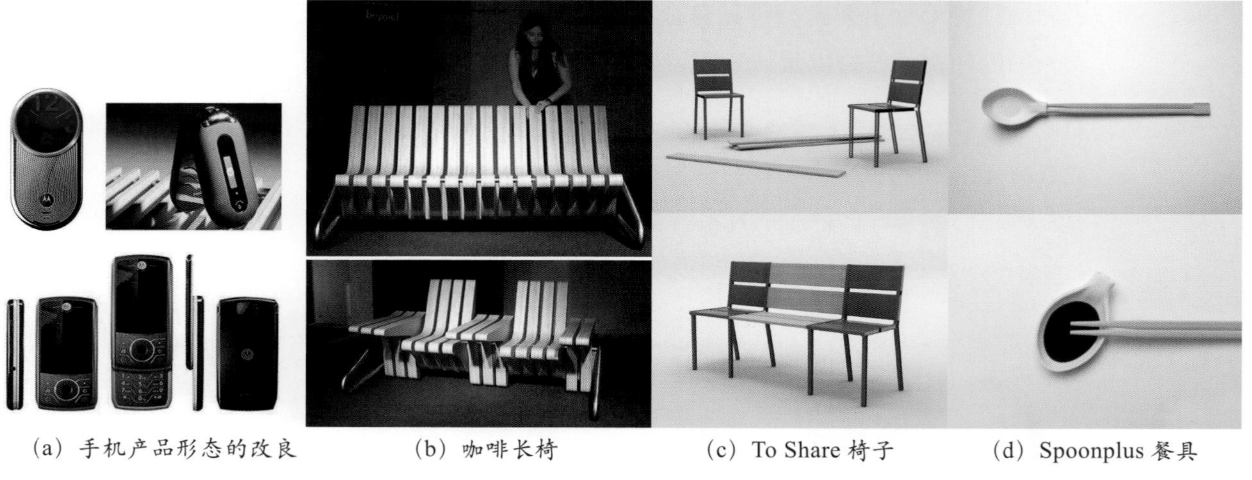

(a) 手机产品形态的改良　(b) 咖啡长椅　(c) To Share 椅子　(d) Spoonplus 餐具

图 5–19　基于结构变化的产品形态设计

5.2.3 产品设计实例

作品案例一：户外可收纳桌椅设计（设计师　黄辉荣）。

作品说明：通过结构设计，将 4 把椅子和 1 张桌子整合于一体，方便携带（图 5–20 和图 5–21）。

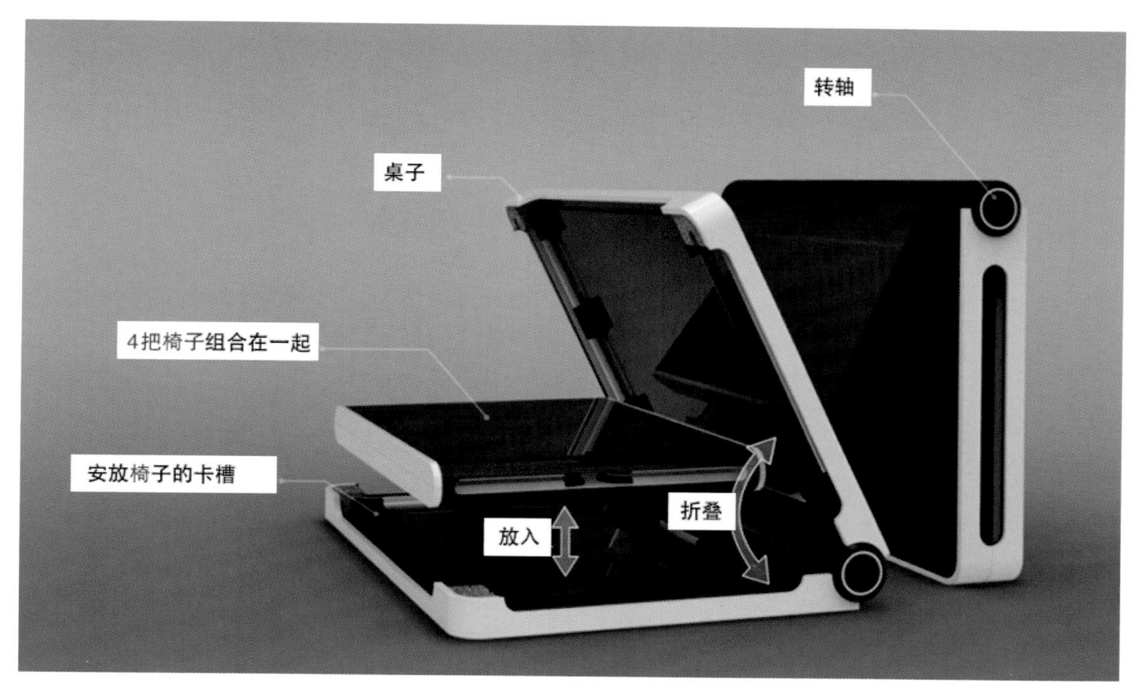

图 5-20　户外可收纳桌椅设计

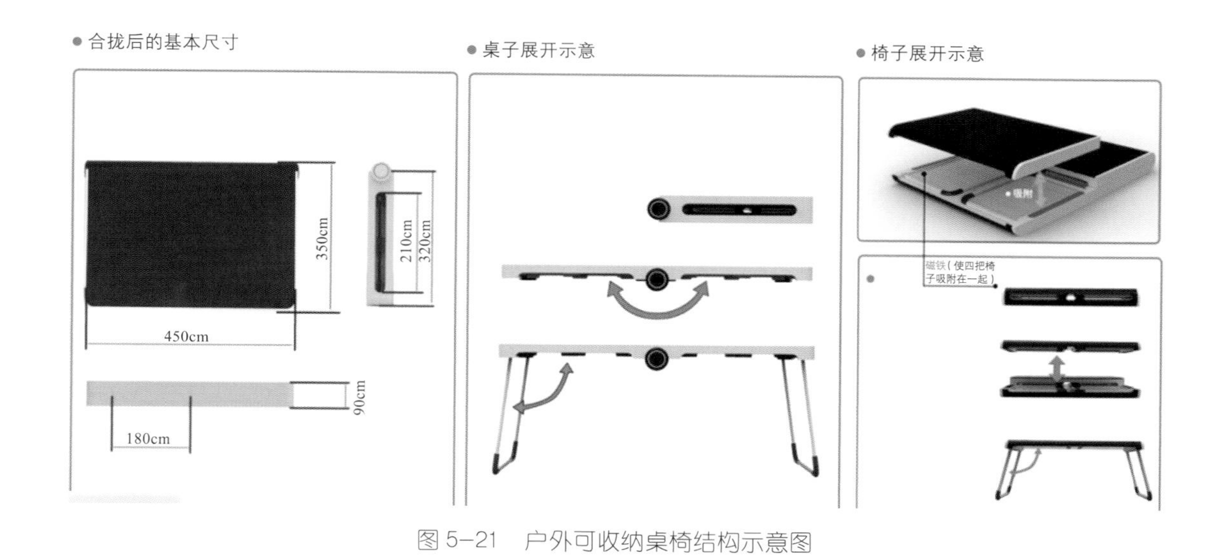

图 5-21　户外可收纳桌椅结构示意图

作品案例二：烤炉设计（设计师　连冲）。

作品说明：这款烤炉设计通过结构的变换，可以满足室内或者室外的各种需求，如携带、收纳、移动等，让烧烤变得趣味十足（图 5-22）。

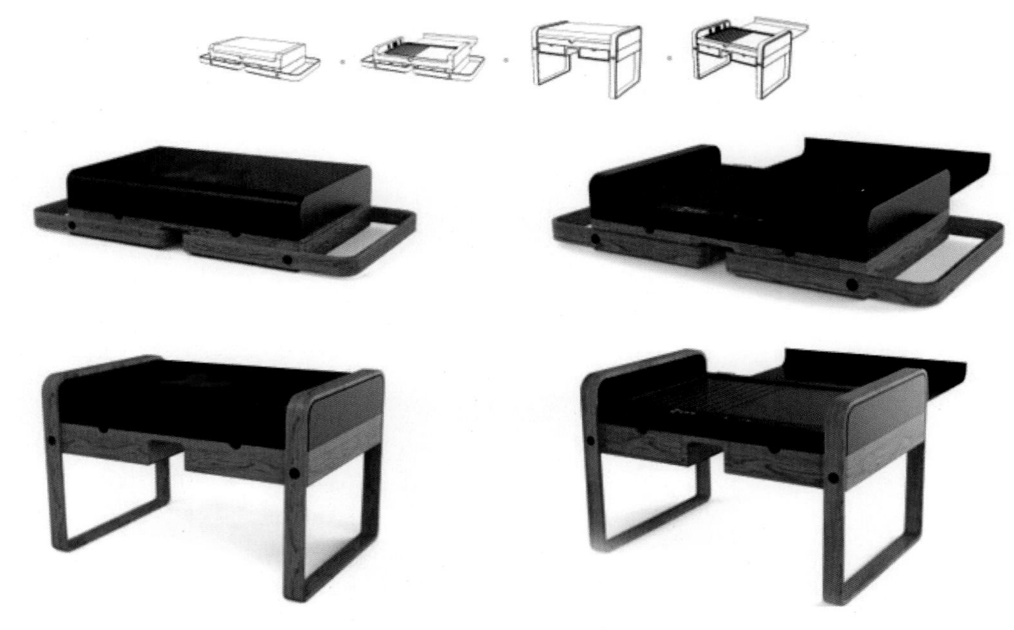

图 5-22　烤炉设计

5.3　材料工艺制约下的形态设计训练

产品造型中，形态与材料是相辅相成的关系，不同的形态需要相应的材料来完成。产品的形态设计应该充分利用材料的材型和材性，围绕产品材料进行创新设计。

课前训练：搜集以竹子为主材的产品设计，并进行产品解读。

训练内容：基于某一特定材料的（如竹材）的产品形态设计。

训练注意事项：在对某一特定材料进行产品形态设计时，需了解该材料的基本性能，以及在产品中的应用情况，并能分析总结出其材型和材性的运用。

5.3.1　基于材型的形态设计方法

产品的形态与材料的材型密切相关。材型可以划分为 3 种类型，即线材、面材和块材。不同材型的材料，其实际性能和心理感受也不同。

1. 线材

线材会给人以轻盈、通透的感觉。拉伸的线材不仅会产生紧张感，而且还会产生很强的垂直反抗力，利用这一特性，我们可以用来设计制作各种能以线材成型的产品，如图 5-23 所示。线材的成型方式有连续排列、框架、线层、垒积构造等。

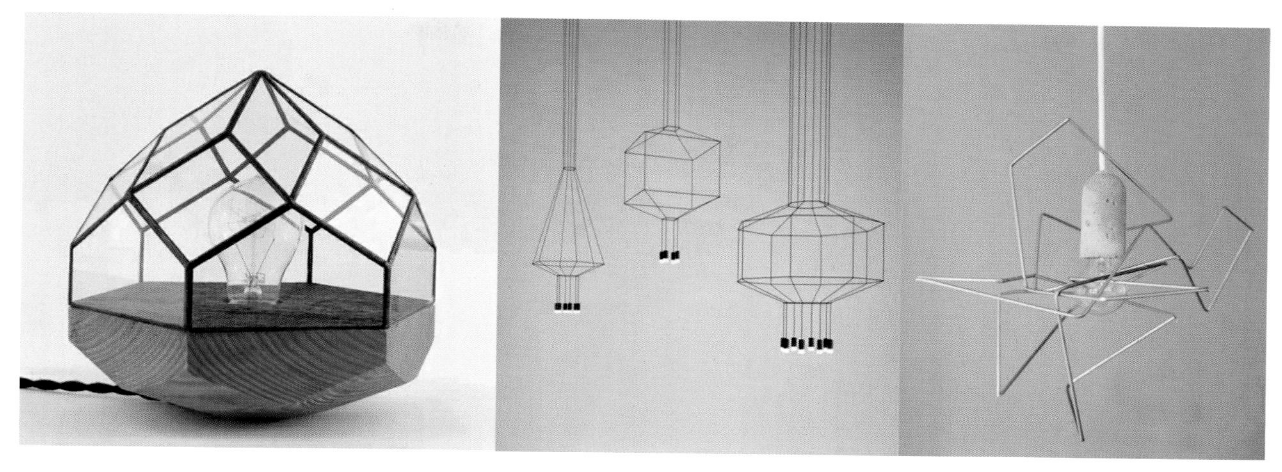

图 5-23　线材成型产品

2．面材

面材可以看作是线连续不断运动的轨迹，或是连续线的叠加效果。面在产品形态中具有线的特点，同时，从表面来看，它又具有体的特征。面的种类很多，既有边缘形状的变化，也有空间起伏的变化；既有封闭的面，也有敞开或者中间开孔的面；既有厚面，也有薄面。因此，用面来造型时并不一定都通过数量来取胜，还可以通过自身的变化来完成。对面进行组合时，可以采取截面对接或者插接的方式、表面搭接或者重叠的方式，以及面与面相互分离排列的方式等（图 5-24）。

图 5-24　面材成型产品

3．块材

块材常见于产品的形态设计，标准单元体塑造了日常生活中的不少产品，包括方体（正方体和长方体）、球体、锥体和柱体等。在具体的产品形态设计中，结合不同产品的具体功能和结构要求，可以使用加法、减法、混合法进行形态的创造。如何灵活地运用这些方法，创造优美的产品形态，需遵循基本的美学原则和造型规律（图 5-25）。

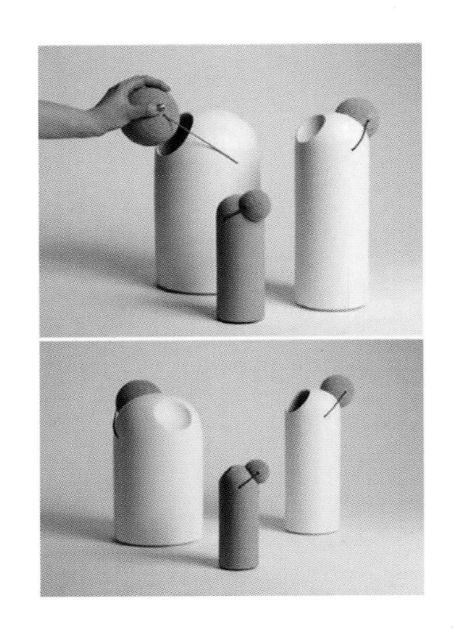

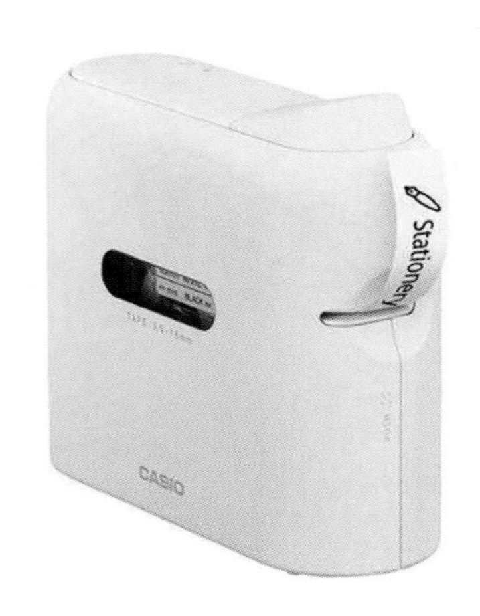

图 5–25　块材成型产品

5.3.2　基于材性的产品形态设计

工业设计涉及的材料十分广泛，有天然材料、人工材料，也有单一材料和复合材料。材性为设计工作提供了基础和载体。例如，透光的必须用透明材料来完成，承重的必须用刚性材料来完成，易弯曲的需要用弹性材料来完成，确定了产品的形态，就等于确定了材料的种类(图 5–26)。

图 5–26　不同材料的产品设计

5.3.3　产品形态设计实例

作品案例：BOX HERO 可穿戴瓦楞纸玩具(设计师　王昊)

作品说明：该作品使用绿色环保的瓦楞纸材料，100% 可回收循环使用，对环境不会造成污染。使用生产纸箱包装的切割、压痕、印刷等工艺，即可制造出精致美观的瓦楞纸板件，其生产周期短、成本低，有较高的产品可行性。让孩子们可以亲手打造自己“超级英雄装备”，组装过程可培养孩子的动手能力，既有趣味性，又有亲子互动的功能，该产品获得 2018 年红点概念奖，如图 5-27 和图 5-28 所示。

图 5-27　BOX HERO 可穿戴瓦楞纸玩具

■ 制作过程说明

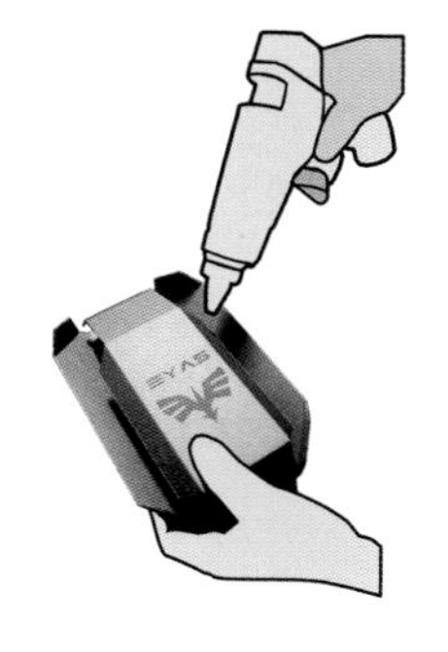

■ 模组拼装细节

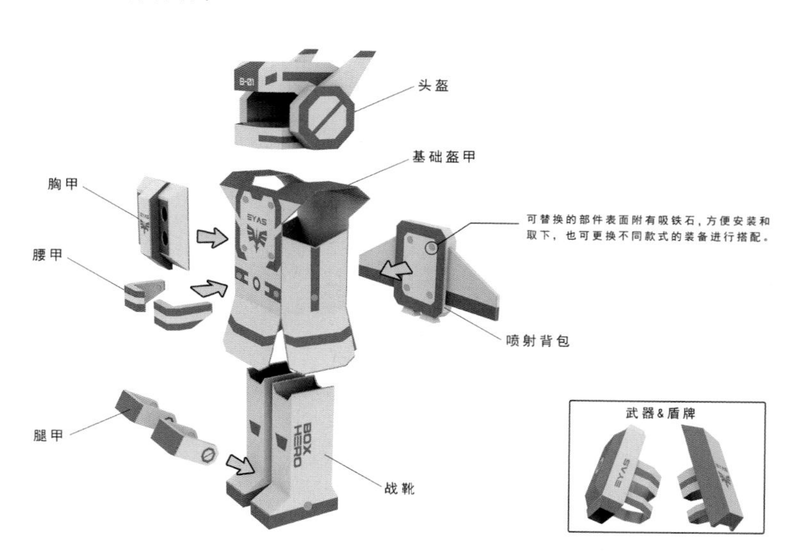

图 5-28　BOX HERO——可穿戴瓦楞纸玩具的细节设计

5.4 时尚文化影响下的形态设计训练

本节引言：时尚是某种社会背景下普遍被大家崇尚的一种意识形态，敏锐地捕捉到这种日新月异发生变化的意识形态，就能抓住消费者的购买欲望。所以时尚在一定程度上是设计的推动力，为产品设计的方向之一。

课前训练：阅读时尚类相关书籍，浏览网络，了解时尚创意前沿。

时尚产品是引领潮流的商品的美称，见于人们生活的方方面面，是在特定时间内为社会大众崇尚或仿效而争相购买的热销产品，是人们满足自我崇尚的体验。时尚产品能带给人的是一种品位与不凡、愉悦和舒心的优质生活产品。

5.4.1 时尚文化影响下的产品形态设计特征

时尚已经成为人们生活方式不可或缺的一部分，受到很多人特别是年轻人的追逐与期盼。具有时尚感、流行感的产品设计，极大地丰富了人们的生活。

时尚文化影响下的产品形态设计首先应准确界定时尚产品类别：个人消费类产品、服装、首饰、手机等。而生产性产品，工具类产品（如机床、挖掘机），医疗产品，公共设施等则不属于时尚类产品。家用产品、办公用品、交通工具等，则属于中间性产品，可以采用时尚设计策略，也可以不采用。

时尚产品的形态特征主要体现在以下几个方面。

（1）造型风格的时尚性。人们追逐时尚，主要表现为对商品造型风格式样的推崇与欲望。年轻消费者追求新颖多变、与众不同和造型的变化。商家应针对不同的消费受众，开发出不同风格的产品，其设计极尽所能地诠释、创造、引领时尚的风格、色彩、材质、语言等元素（图 5-29）。

（2）功能的时尚性。时尚促进消费，消费过程中对产品的心理满足即是对产品功能的满足（图 5-30）。

（3）名称的时尚性。时尚的名称不仅朗朗上口，而且具有极强的时代感、亲和感、生动感，更拥有广泛的接受面与传播面，代表了年轻、新颖、广泛的时尚文化。

时尚价值已经成为当今消费者选择产品时追求的基本价值之一。我们必须也应该关注时尚的发展变化，把握时尚消费的方向，探讨时尚文化的根源，挖掘社会生活中潜在的时尚因子，才能以时尚前沿的思维去设计创造、引领产品的时尚特色。

图 5–29　造型风格的时尚性 / 星巴克赏樱宠物杯

图 5–30　功能的时尚性 / ACRONYM 机能设计风格服饰

5.4.2　产品时尚设计策略

人们在时尚流行中所扮演的角色可以分为始作俑者、初期采用者、前期追随者、后期追随者和不关心者。始作俑者在潮流的最前沿，引领时尚；初期采用者较为紧密地追随时尚；后期追随者跟随时尚的步伐，起步较晚。那么，企业在时尚流行中扮演什么样的角色，会直接决定其是时尚的引导者，还是跟随者，也会决定具体的设计策略如何实施。

产品设计的时尚策略不是盲目的自发设计。

（1）要根据最新的流行元素进行提炼和解析。例如，2008 年的北京奥运会在产品设计中掀起了一股中国时尚风，各种中国纹样和民族元素在设计中大行其道。

（2）时尚型产品要在时尚的流行周期内引领时尚；同时，时尚产品在经过一段时间的沉淀，会以全新的意义回归时尚。正所谓“流行会成为经典，经典将再度流行”。

（3）要对时尚产品的消费行为进行深入研究。消费主体有着较强的从众心理和自我表现的内在需求，所以喜欢代表潮流和富有时代精神的产品，注重感情表达和知觉感受。产品设计要在外观色彩上引起消费者的兴趣。

（4）不仅要对世界名牌时尚产品设计进行研究，还要对不可忽视的重要时尚现象、大牌领导潮流的信息进行研究。

5.4.3　产品设计实例

作品案例：办公室健身产品（设计师　于佳惠）。

作品说明：办公室健身系列产品包括健身洽谈桌、健身飞镖盘（图 5-31）。健身洽谈桌可以在休息之余利用碎片时间进行腰部活动缓解久坐疲劳，同时可以和朋友进行交流；健身飞镖盘可以利用休息时间约三五好友来一场飞镖游戏，也可一人使用放松肩膀胳膊缓解长期久坐后的疲劳。

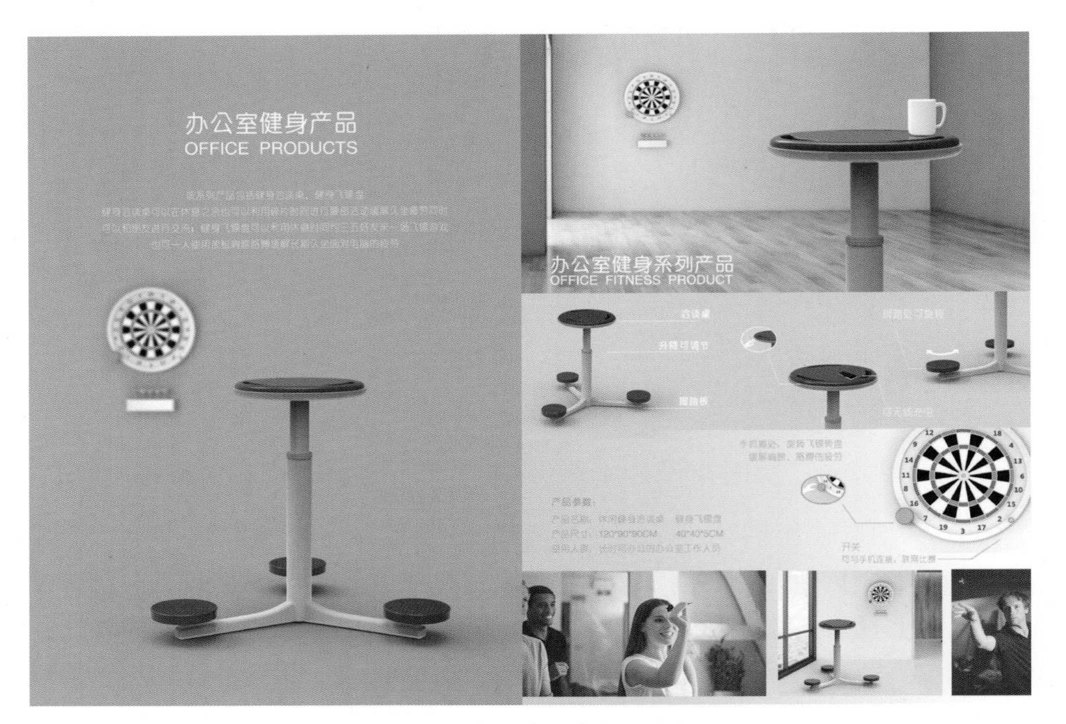

图 5-31　办公室健身产品设计

5.5　中国传统文化影响下的形态设计训练

本节引言：在设计领域，传统文化与设计创新之间是继承与创新的关系，是母与子的关系。继承传统应该是动态的，是一个重新选择和重新发现的过程。重新审视传统文化符号，设计出符合时代的象征识别，一直是设计师创意思维的重要方法。

课前训练：搜集传统文化元素应用于产品设计的优秀案例，总结文化符号的具体运用。

中国传统文化的含义非常广泛，是几千年来中华民族在社会实践和发展过程中所形成的相对稳定的观念形态和行为方式。传统文化在形式上包括语言、文学、音乐、舞蹈、游戏、神话、礼仪、习惯、手工艺、建筑艺术以及其他艺术等。

5.5.1　传统文化平面图形的二维和三维应用

将传统文化中的典型符号，利用现代材料或者加工工艺以平面的方式应用于产品表面，以改变产品的表面属性，增加产品的文化内涵（图 5–32），是目前产品设计中较为多见的一种设计手法。

传统文化平面图形的三维转化方法不是在二维图形基础上给定一个高度进行简单的立体拉伸处理。如此产生的立体形态，往往经不起多角度的美学审视。设计师应当结合产品的使用需求、产品的材料工艺和美学原则，采用多角度的方法进行立体的形态设计，如图 5–33 和图 5–34 所示。

图 5–32　敦煌主题丝巾设计 / 敦煌博物馆

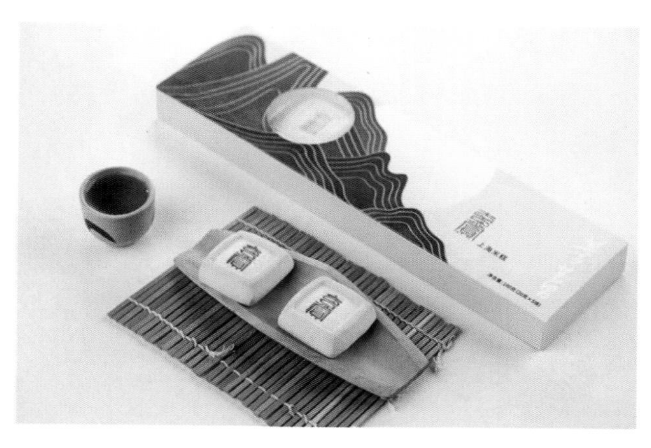

▲ 图 5–33　故宫艺想 · 焕彩清音抱枕套 / 北京故宫博物院文创

◀ 图 5–34　董其昌文创米糕设计 / 上海博物馆

法兰瓷赏析
【参考图文】

5.5.2　传统文化器物的再设计

中国传统器物是由我们的祖先代代相传，延续发展而来的。它们所散发的浓厚的“中国味”，是那时人们生活观念、文化观念的集中物化的视觉表现。中国传统器物设计无论在色彩、装饰，还是在平面或是多维立体造型中，都透露出和谐的要素。基于传统文化器物的再设计，要对传统器物造型要素进行提炼并与现代生活方式进行有机结合，通过造型、色彩以及材质的和谐统一，获得文化的传承和延续。

如图 5–35，透过传统与现代的交汇，让故宫藏品——《粉彩过枝桃树纹盆》跨越时代的藩篱，在日常生活中展现出全新的面貌，寿桃形象幻化成器，雅致、隽永，别有韵味。图 5–36 所示的烟雨西子之三潭印月 – 紫砂香炉设计，提炼三潭印月之形态元素，搭配宜兴紫砂之材质，再现了烟雨西子朦胧缥缈的意境，独具东方神韵。

图 5–35　故宫寿桃随手礼茶具／中国

图 5–36　烟雨西子之三潭印月 – 紫砂香炉／WEIS／中国

5.5.3　传统生活方式应用于现代产品，语义的借用传达

进入 21 世纪，传统的生活方式早已经发生翻天覆地的变化，根植于文化背景下的产品设计既要继承传统，又要符合现代生活方式，传达中国传统文化中的精华。

古语云：欲得其上，必求上上。上，积极之态，上上，代表上之上的渐进过程。上上之道，是一种对美好事物向往的精神，追求上上合一的和谐之境。洛可可设计公司的“上上”品牌将中国文化“禅”的理念和现代设计语言巧妙结合：鸟与林、虎与山、鱼与水，相映成趣。将“禅”文化中自然空灵的意境生动地呈现出来，颇具韵味（图 5–37）。

图 5–37　高山流水香台／上上品牌／中国

图 5–38“和而不同”托盘的灵感源自“扁担长，板凳宽”的民间童谣。扁担承物，板凳载人。虽个性迥异，却都蕴含承载的功能。让对立的两者和谐共生、互为支撑，是对“君子和而不同”的诙谐诠释。

图 5–38　“和而不同”托盘 / 上上品牌 / 中国

5.5.4　文化符号的设计原则

文化符号的设计原则包括合理性、艺术性和创造性。

（1）合理性：即根据产品的功能特征、设计要求以及造型特点筛选出合适的文化符号。

（2）艺术性：即追求造型元素之间形态、色彩、肌理等方面设计处理的和谐与合理，借助特定的文化符号处理手法来突出产品设计的艺术美感。

（3）创造性：设计师能都突破原有应用的陈规，对传统的文化符号赋予新的表达与传递，同时大胆使用新的材料工艺等，以富有冲击力的视觉效果，创造“寻找自我”与“他者体验”的全新感受。

5.5.5　产品形态设计案例

作品名称：湖北省博物馆系列文创产品设计——编钟礼杯（设计师　曾力）

文化创意来源：曾侯乙编钟，是湖北省博物馆的镇馆之宝。这套编钟是目前考古出土的保存最完好的编钟，也是最精美的编钟。编钟共 65 件，分 3 层 8 组悬挂在钟架上，总重量超过 3 吨，由 6 位青铜武士托举。借用编钟的形象，设计出圆形（图 5–39）和方形（图 5–40）的礼杯文创产品，彰显浓浓的湖北风韵，同时又不失现代感与时尚感。

图 5–39　湖北省博物馆系列文创产品设计
——编钟礼杯（圆形）

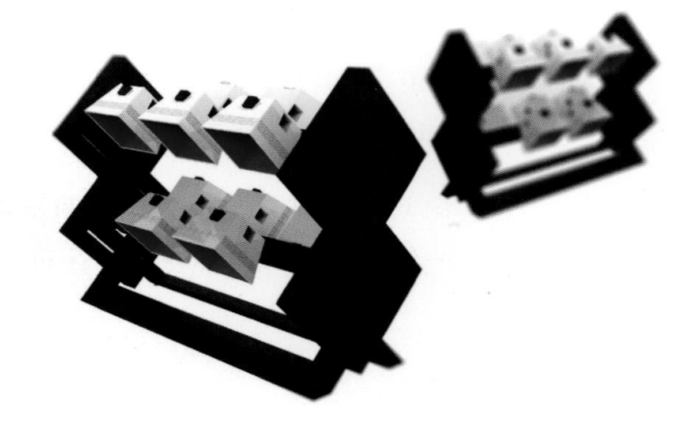

图 5–40　湖北省博物馆系列文创产品设计
——编钟礼杯（方形）

5.6　企业特征形态语言探索与训练

本节引言：现代企业的竞争已经不是产品、质量、技术等物质层面有形的竞争，而是多元化的整体的竞争。产品是企业发展的基础和核心，是对外的重要载体和媒介。本章以实例来讲解如何在企业形象基础上设计产品的形态。

课前训练

训练内容：基于某著名企业形象的产品特征分析。

训练注意事项：分析企业形象及产品特征，总结其在形态上的运用规律。

产品整体形象识别系统（Product Identification System，PIS）是产品在设计、开发和研制、流通、使用中形成的统一的形象的特质，是产品内在的质形象与产品外在的视觉形象形成统一性的结果。

在技术差异日趋缩小、产品同质化日益严重和专利层出不穷的现代消费市场，创造奇迹性的产品越来越难，产品识别系统的成功建立与否，不仅关系到整个品牌形象塑造的延伸与巩固，更是最后的决定性力量。构建产品设计系统模型，提取产品视觉识别的设计DNA构造要素，是构建产品识别系统的便捷途径。

5.6.1　PIS 对企业的影响

PIS 对企业的影响主要体现在以下几个方面。

（1）增加产品的附加价值，创造市场的潜在价值。由于 PIS 能够有效塑造产品的良好形象，使消费者能够容易认知和信任，产生购买消费的价值感，有利于增加产品的价值。可以看出，在市场上同质同效的产品，形象好的产品，售价就可以高出许多，并且销量也较大，成为市场的领袖产品。

（2）缩短产品进入市场的导入期及生长期，能够加快扩大市场份额的步伐。形象好的产品，一经上市就得到消费者的认可，避免了陌生感，能够较快地进入主导市场。

（3）节省大量的广告传播费用，提高赢利水平。PIS 战略使产品广告建立统一形象，定位准确，目标准确，这样传播的形象及产品信息就比较容易击中目标市场，提高广告的传播效果，相应就降低了广告传播费用。

（4）有利于塑造名牌，产生名牌效应。名牌是企业的追求，其形成不是某个机构发证能解决的，是需要经过市场的风吹雨打磨炼出来的，借助 PIS 能够加快名牌形成过程，产生名牌效应。名牌效应的威力是巨大的，一旦形成，就拥有了市场。

5.6.2　产品形态设计实例

作品案例：苏州博物馆衍生纪念品系列设计（设计师　何超）。

设计说明：围绕苏州博物馆建筑特色进行视觉元素的提取。提取对象包括建筑屋檐、在博物馆室内外大量使用的框景线条和博物馆标志等。图 5-41 为最终完成的系列化文创设计。

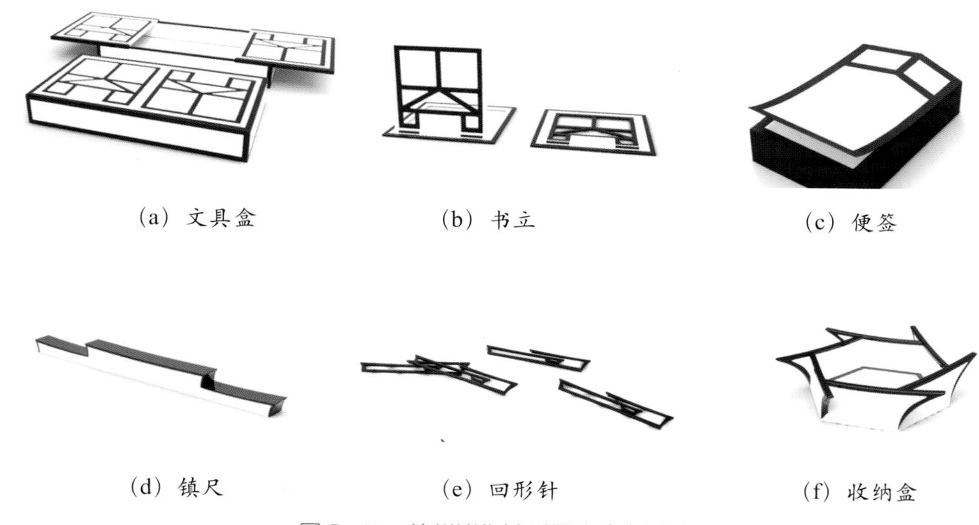

图 5-41　苏州博物馆系列化文创设计

单元训练和作业

练习题

1．移动办公场景下的多功能产品设计

作业内容：完成3～5个不同方案、A4草图5幅、完成整体效果图、实际场景应用图、尺寸图，并进行最终排版。

要点提示：分析移动办公中的产品需求，比如A4打印机、标签打印机、POS机、投影仪等，进行功能创新上的设计。功能组合设计要合理，符合移动办公的真实需求。

2．基于小户型的可收纳桌椅设计

作业内容：完成3～5个不同结构方案、A4草图5幅，完成整体效果图、结构变换图、尺寸图，并进行最终排版。

要点提示：综合运用本章知识，考虑结构设计在形态中的主导作用，可以综合运用单一结构和综合结构（铰接、滑动、转动、折叠等）。

3．时尚文化视野下的博物馆（艺术馆）衍生产品系列设计

作业内容：完成一份针对本地的艺术馆以及博物馆的馆藏藏品的调研报告。完成系列衍生品设计（3～5个）、A4草图5幅，完成整体效果图、尺寸图，并进行最终排版。

要点提示：针对本地的艺术馆或者博物馆进行调研分析，分析衍生品的创作方向，基于当下的时尚文化设计一系列符合生活需求的衍生品。要求形态设计与时尚文化贴合紧密，可综合运用创新材料进行形态设计。

4．以“四君子”中的梅花或兰花的造型特征与文化内涵为主题，设计两件相关产品，类别不限

具体要求：（1）产品设计定位分析说明；（2）设计构思过程草图及图解阐述；（3）手绘效果图、材质及使用方式说明、尺寸图等，以及其他相关设计说明。（2018年浙江理工大学硕士研究生入学初试试题）

思考题

自主选择一类产品，综合考虑本章所学，从产品功能、产品结构、材料工艺、时尚文化、中国文化影响、企业特征等多角度分析其产品形态设计是否对这些因素进行考量?并将影响其形态的重要因素进行排序。

第六章

产品的色彩设计

课前训练

内容：从一部电影、两种包装、3个不同品牌和类型的产品中找出它们的配色方案；制作色彩分析图片，不少于10张。

注意事项：拉大所选择的意象看板图片中色彩配色的差异度，以便后期能快速直观地感受产品配色的差别。

要求和目标

要求：理解色彩在产品设计中体现出的行业特征差异性；色彩对于树立企业形象的作用；色彩运用在不同的用户群体中呈现出的心理效应；在产品制造过程中，不同材质和工艺对色彩所产生的影响。

目标：了解、掌握产品色彩的理论知识，包括行业特征差异、企业形象、用户群体、产品制造工艺、材质等对色彩所产生的影响。

本章要点

在产品色彩的外观设计中应综合考虑产品色彩与行业特征、产品色彩与品牌形象、产品色彩与使用者、使用环境之间的协调关系。

本章引言

色彩是产品进入市场成为商品时，至关重要的卖点。色彩设计是操纵产品命运的重要手段之一。工业产品的色彩设计具有鲜明的个性特点，不同色彩的运用会对产品的观感、美感、质感等方面产生巨大差异，本章从产品色彩与行业特征、企业形象、用户联系及材质工艺的关系来讲述产品设计中的色彩问题。产品的种类繁多，造型各异，功能多样，但在色彩设计上有着共同的设计法则。

6.1　产品色彩与行业特征

行业特征是一个行业区别于其他行业显著的特点、标志。不同类别的产品大多分属不同的行业领域，而这些产品的色彩设计也差异显著，如在大型机电产品中运用最多的是黑、白、灰一类的中性色彩，这是为了突出此类产品的精密性和稳定性，从而呈现出安全可靠的视觉感受，如图 6-1 所示；在野外，工程机械为了引人注目、确保安全，往往采用明度与纯度较高的黄色、蓝色、橙色，如图 6-2 所示。医疗器械产品常采用中性色与局部冷色调搭配，清爽干净的色彩给人以宁静之感，适合医护人员日常的精细工作要求，符合卫生、洁净的医院环境要求，如图 6-3 和图 6-4 所示。儿童产品多用纯度高的颜色和对比色，充分体现儿童天真烂漫的心理特征，如图 6-5 所示；高科技电子产品为了体现其高科技性和未来感，通常会搭配金属色，塑造“酷感”，突出精密而复杂的功能特性，如图 6-6 所示。家用小电器主要用于家居环境，除了传统的中性色和金属色外，越来越多使用柔和明快的浅色调，以增加生活趣味性，如图6-7和图 6-8 所示。还有一些特殊领域，例如：消防车辆采用注目性和远视效果突出的红色调，以达到警示作用；军用产品普遍采用迷彩色和绿色，有利于隐蔽自己。上述产品的色彩选用，从特

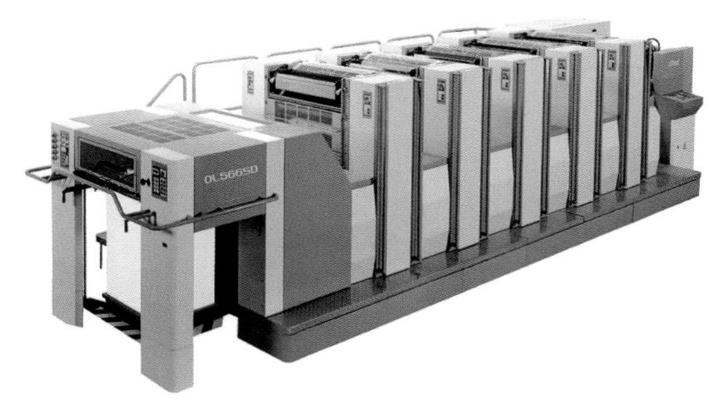

图 6-1　大型机电产品 / 海德堡印刷机

图 6-2　John Deere 多用途拖拉机

图 6-3　医疗辅助产品 / 日本富士按摩椅

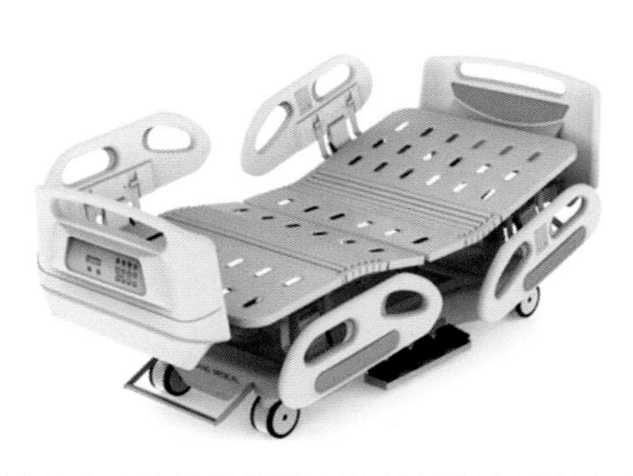

图 6-4　医疗器械产品 / 曙光医用电动护理床

图 6-5　儿童玩具车和海绵软体泡沫积木

图 6-6　华硕零度水冷机箱

图 6-7　空气净化器 /Coway 设计 / 韩国

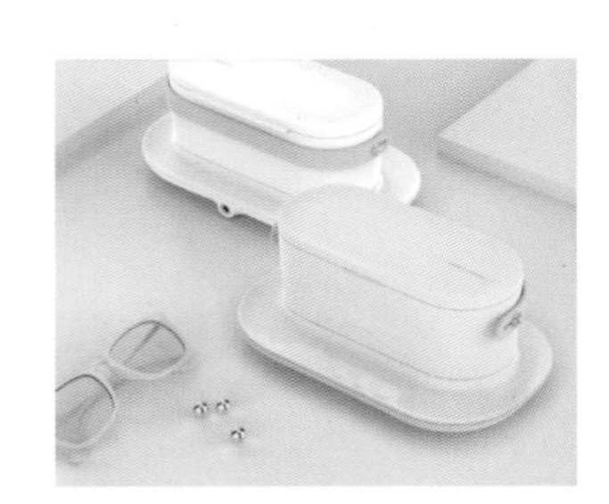

图 6-8　超声波清洗机 / 卓迪设计 / 中国

定行业需求出发，形成约定俗成的色彩搭配惯例，是产品色彩设计之前首先要了解的内容，这样才不易出错，有的放矢。

6.2　产品色彩与企业形象

企业形象设计又称 CI 设计，实体产品的色彩作为企业视觉形象识别系统的重要一环，在建立塑造企业形象、传达企业宗旨、提高企业信誉与竞争力等方面起着重要作用。产品的色彩设计要考虑企业的标准色。企业树立一个知名品牌非常不易，需要一致化的视觉形象，其中也包括产品色彩。简而言之，在企业大的色调环境下有多种具有不同个性的产品，我们往往通过产品的色彩就可以分辨出品牌，这也就是色彩运用在产品设计上的一个有效的技巧。色彩是吸引人注意力的重要信息，给人的印象迅速而持久。产品色彩是人们视觉观察的第一可视特征，使人们产生某种感觉和相关的联想。互换熟知竞争对手的品牌色彩，使耳熟能详的品牌有些陌生和尴尬（图 6-9）。蒂芙尼蓝色的包装礼品盒采用 Pantone 第 1837 号色（勿忘草和知更鸟蛋的蓝），品牌 LOGO 在包装上缩到极小，蓝色已经说明一切，如图 6-10 所示。另外，小米品牌系列产品采用清新的白色，在消费者心中建立起清爽创新、可信赖的品牌形象，如图 6-11 所示。

图 6-9　品牌色彩互换示意图 /Paula Rúpolo 设计 / 巴西

图 6-10　Tiffany 公司的经典标准色

图 6-11　小米品牌系列产品图

图 6-12　苹果 iPod mini 系列色彩

企业的产品色彩与企业的形象密切相关，但影响色彩的因素还有很多，包括目标市场、环境、文化、流行等。同一个企业，不同时期推出的产品的色彩也会不同。由于时代、国度、民族、文化教育、风俗习惯、宗教信仰不同，世界各地和各地区对色彩的需求也不尽相同。时尚界每季度都会推出流行色趋势预测，这些颜色根据不同的目标市场、地理区域、季节、文化和设计进行改变。因此，了解不同区域、年龄、性别的消费群体的色彩喜好，引领或紧跟流行色时尚也是产品设计师必须关注的内容。图 6-12 所示为苹果 iPod mini 系列色彩。当今社会，同质化现象日趋严重。如何脱颖而出，是色彩设定的出发点。基于企业既定的、与众不同的色彩体系，产品的色彩设计应该继续强化差异性、提高识别力、强化品牌形象，并在企业主要产品的外观、包装、广告等用色中做到同一化，以形成整体优势，增强视觉冲击力，提高企业的整体竞争力。例如，知名的汽车制造商都会根据自身产品的特点定制独家颜色，在塑造该品牌汽车整体气质的同时，也形成了鲜明特点，并强化了消费者对该品牌的印象与认知。如图 6-13 所示为知名汽车厂商的经典车型与代表色，依次为奥迪的“雪邦蓝”、兰博基尼的“橙色”、法拉利的“穆杰罗红”、雷克萨斯的“超音速钛银”。

独立品牌都会通过各种设计形式彰显特有的品牌定位，例如，用相同的色彩与材质打造产品系列性，为每个产品都贴上了系列家族的标签等。图 6-14 所示为德国瓷器品牌“卢臣泰”推出的“托马斯厨房”系列厨具，采用黑白灰 + 木色的设计手法，打造整体化的品牌视觉形象。

图 6–13　知名汽车厂商的经典车型与代表色

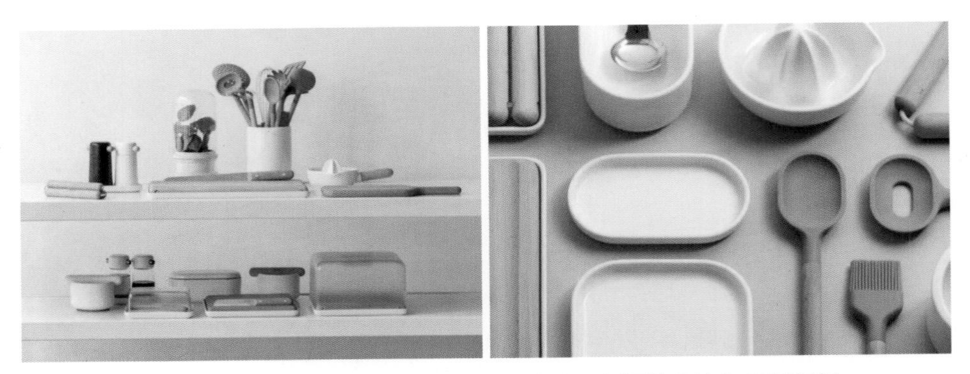

图 6–14　德国瓷器品牌“卢臣泰”推出的“托马斯厨房”系列厨具

6.3　产品色彩与用户需求

随着社会经济的快速发展，以用户为中心、以用户需求为目标的设计理念逐渐成为主流。因为产品最终都是为人所用的，所以在设计产品色彩时，应充分考虑用户的体验与感受。

1．功能区分

色彩影响人的视觉认知，特定的色彩符号易传达信息、表达语义，如交通信号灯采用红色、绿色、黄色，直接指示行人和驾驶员。在多功能的产品体系中，不同形状、结构的色彩分区可以体现不同的功能区域，使用户清晰理解产品功能。如图 6-15 所示，瑞典的哈苏限量版相机，通过色彩区分不同功能模块，使用户能方便地进行操作。通过色彩进行功能区分时，一定要注意用在关键之处，避免色彩配置过多，让用户产生视觉混乱的感觉。如图 6–16 所示为 X-Box 游戏机的手柄按钮的颜色设置，灰色用于一般功能，其他颜色用于特定的操作，在最关键的部位使用对比色，可以强化这些关键部位的功能。

图 6–15　哈苏限量版相机 / 瑞典

图 6–16　X–Box 游戏机 / 美国

2．安全标识

产品设计必须提示、保护用户安全，颜色所起的作用至关重要。如城市灰色的街道、鲜艳的橙色交通标识、明黄色的出租车，都是为了最大限度地保证交通的安全性。颜色是强大的差异化因素，明度、饱和度或色相的对比易形成显著区分。快速切割或旋转功能的工具设计、颜色对比，可使操作者的注意力集中在需要关注的位置，如图 6–17 中的橙色圆锯机。又如图 6–18 中的花枝剪等工具，颜色与绿色为主的环境形成对比，可避免踩踏或者丢失。

图 6–17　橙色圆锯机

图 6–18　园林工具花枝剪

3．心理作用

色彩具有高度情绪化和象征性的关联特征，往往通过影响用户的心理活动助力产品在竞争中脱颖而出。如价格昂贵的跑车往往是张扬的红色、黄色，以引人注目；而选择创可贴时，人们又希望其颜色与皮肤的颜色接近。在设计中正确运用色彩，可以起到调动用户情绪、唤起其记忆的功能。如图 6–19 所示的 Rizoma 碳纤维自行车，浅色调常被用来表现产品精密、轻巧的功能特性；如图 6–20 所示的摩飞系列多功能电烤锅借助沉重质朴的石榴红、橄榄绿、爵士蓝、搪瓷白等配色，打造欧式经典怀旧、传统英伦风的小家电。色彩不仅能体现产品的功能，还能彰显产品的个性，表现不同产品的内在联系和倾向性。这种内、外因和谐的色彩配置，可强化用户对产品的第一印象。

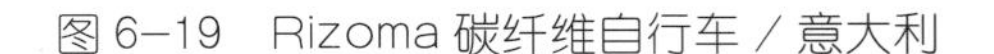

图 6–19　Rizoma 碳纤维自行车 / 意大利

图 6–20　摩飞多功能电烤锅 / 英国

4．环境匹配

用户与产品必须处于一定的环境条件下才能实现交流互动。特定的场景及氛围的色彩营造，对用户心理的影响、产品功能的实现和产品销售的促进作用显而易见。“远看颜色近看花”，超市环境中，最先吸引消费者注意的就是缤纷的色彩，货架上的商品为了吸引人的注意，经常与周围同类物品的颜色形成对比，并利用深色的货架框来限定纷繁杂乱的商品颜色，形成丰富统一的视觉美感，如图 6–21 所示。颜色可以给产品视觉上与环境兼容的感觉。比如，如图 6–22 所示，白色的厨房器具可以与整个厨房的环境相吻合，这一用途可以用来获得安静、中性、和谐的气氛，减少视觉上的混乱。

如图 6–23 所示，中式连锁快餐店“老娘舅”为了使用户有更好的就餐体验，在餐具色彩的选择上花了一番心思，因为其品牌所用的米是不杂交、非转基因的江南原生小粒米，米粒本身泛着淡淡的乳黄色，这种米饭用黑色碗盛装更能显出质感；主菜与小菜，除了小菜海带丝与炖盅用的餐具是白色，其余都是黑色容器，这样更显菜色；当有 3 个小菜时，采用“二黑一白”的彩色搭配，避免整体摆盘过于沉闷。

图 6–21　大型超市货架摆放示意图

图 6–22　素色厨房色彩示意图

图 6-23　“老娘舅”快餐店餐具

用户需求还体现在针对不同年龄、性别、职业、地域的分众设计，前文有所介绍，此处不再赘述。总之，产品的设计与目标用户各方面的需求密不可分，必须予以考虑。

6.4　产品色彩与材质工艺

6.4.1　色彩与材质的关系

色彩是产品设计中很重要的因素，产品的色彩不是单独存在的，是与材质与表面处理一起构成的完整的色彩体系。同款同色的物品，会因为材料反光、折光等现象造成截然不同的色彩感觉，如图 6-24 所示。一般来说，反光较强烈的金属色明暗差异较大，立体感、轮廓感也相对较强，可以通过在近焦点或远焦点处反射更多的光线来增强其对比度；相对来说，暗色系的色彩变化小、辨识困难；亮色系的色彩可识别性强，包含更多的色域，比明度低的颜色更能体现色彩的差异性。所以，在生活中，小轿车的车漆一般都采用光亮的金属色以凸显其车辆较为立体的表面轮廓，而儿童玩具一般都用明亮的亚光塑料材质来展现其丰富柔和的色彩魅力。

图 6-24　亚光色气球（左）与金属色气球（右）的效果对比

颜色、材质、表面触感是人们对产品最直接的感知，也是设计师关注的重要问题。当一种材料被选择与组合时，设计师考虑的不单单是材料本身，还包括这种材料可搭配怎样的表面处理、呈现怎样的色泽。表面纹理、色彩及光泽等元素会被用来描述一种材料的视觉特性，也就是 CMF(Color, Material, Finishing)。材质的不同会影响色彩的表达，进而影响人们在视觉上对产品的心理感受，如木质材料色彩柔和质朴，用在产品上可以给人自然、亲切的感受，如图 6–25 所示。透明或是半透明玻璃或塑料材质，可以使产品具有通透、轻盈、炫酷的观感。图 6–26 所示为一款具有湛蓝湖水效果的聚酯材料的餐桌。抛光的金属色在使产品质感变硬、变冷的同时，也能够产生独特的光泽和华美的视觉效果，如图 6–27 所示。

色彩可以强调材料的性能，例如，特殊的切割方向可以突出宝石的本色和折射性，珠宝设计师在制作宝石饰品时就是利用了颜色的这一属性，iMac 电脑的半透明糖果色外皮也利用这一点增强了塑料制品的视觉和触觉效果（图 6–28）。色彩也可以用来掩饰材料的真实质地，肌理相似或相同的色彩效果未必就是同一材质，如木材着色剂可以使材料表

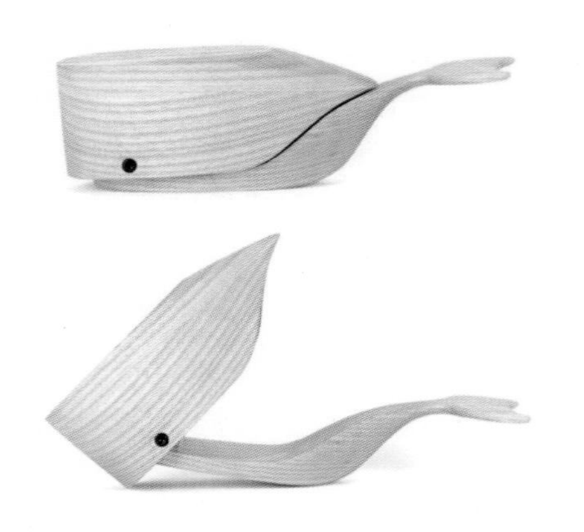

图 6–25　木质收纳容器 / 设计师 Karl Zahn/ 美国

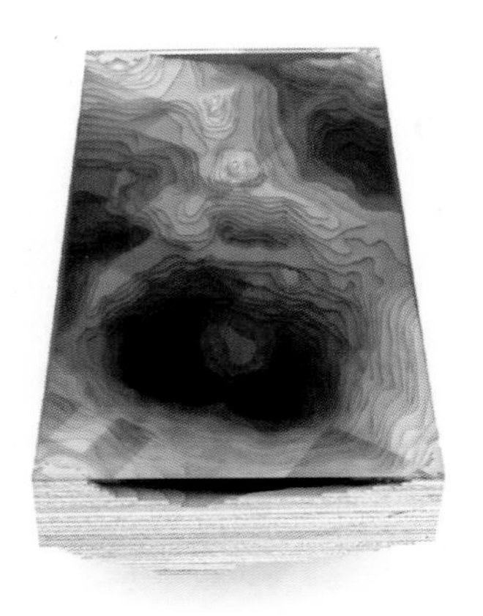

图 6–26　Abyss Table/Duffy 设计公司 / 英国

图 6–27 Volkswagen X Kitchen Appliance/ 德国

图 6–28　iMac 电脑

面产生自然的木纹。如早期旅行车用硬木制作门和侧板，价格非常昂贵。从 1953 年开始，制造商用全钢结构代替实木制造侧板。1955 年，福特乡绅汽车用乙烯基材料成功仿制出类似真实木材的木纹。图 6–29 所示为奔驰汽车的仿木纹内饰。如果是小范围的局部运用，采用实木设计，功能与实际握杆体验会更佳，如图 6–30 所示为沃尔沃汽车的实木换挡手柄。

与其他设计类别相比，大部分产品设计的色彩变化并不是特别丰富，许多经典的产品并没有繁复的配色，而是以简御繁，突出其精美的造型、精良的材质和精巧的工艺，如图 6–31 和图 6–32 所示。由于产品的色彩处于立体的造型结构中，单纯的色相、纯度等色彩效果很难发挥作用；若在产品表面大面积使用鲜艳的图案和色彩，会在一定程度上混淆视觉识别，影响其功能使用。所以，产品中色彩设计应灵活考虑材质和工艺所产生的微妙的色彩差异，利用细节提升设计。

图 6–29　奔驰汽车的仿木纹内饰

图 6–30　沃尔沃汽车的实木换挡手柄

图 6–31　莱卡相机

图 6–32　松下电子剃须刀

6.4.2 色彩与工艺的关系

产品最终呈现出的色彩效果除了受材质的影响外，也与所使用的工艺密切相关。产品的主色调越少、着色工艺越容易，视觉效果就越好；反之，复杂的着色工艺，可能会导致视觉效果不如预期。相同的材质，如果使用不同的工艺，所展现出的视觉效果也会不一样，以在电器产品中广泛使用的金属为例，用户经常会在产品上看到对金属表面使用的不同工艺：拉丝或喷砂处理。金属拉丝是反复用砂纸刮出线条的制造过程，其工艺流程主要分为脱脂、砂磨机和水洗三个部分。这样处理过的金属，可以从亚光的表面上泛出细密的发丝光泽，同时也起到美观、抗侵蚀的作用，又能使产品兼备时尚和科技的元素，如图 6–33 和图 6–34 所示。喷砂处理在金属表面的应用也是非常普遍的，原理是将加速的磨料颗粒向金属表面撞击，而达到除锈、去氧化层或做表面预处理等。

图 6–33　金属拉丝工艺的产品

图 6–34　金属拉丝工艺

外壳仿制金属颜色是一种常见的工艺处理方式，如手机外壳，展现出抛光金属铝的质地、不锈钢涂料的颜色，其实材料本身通常是一种注塑高分子材料，表面阳极化处理能够让机械加工金属铝显得更加富有高科技感；钢的高强度和坚固耐用可以通过电镀或者不锈钢涂层来表现。

小结：世界是五彩斑斓的，人们从色彩中体会自己的真实感受，而在工业设计领域，色彩的设计和使用又有其特殊性，只有更好地理解产品、理解色彩与其各方面的配合才能更好地进行设计。了解工艺、了解材质、了解环境以及用户的需求，将更有利于设计师合理利用色彩进行产品设计。

单元训练和作业

练习题

1．品牌视野下的产品色彩搭配练习与分析

选择至少两个以上的企业品牌，针对其现有产品的色彩搭配，进行分析和归纳，找出每个品牌产品的配色规律。

要点提示：通过分析企业现有产品的配色规律，能得出企业根据不同的产品功能、用户群体、产品投放地域等情况，采用色彩设计方案的不同。

2．色彩与材质和工艺练习

从之前收集的产品中，找出 5 种以上不同材质和工艺处理的典型例子，进行分析并制作对比图。

要点提示：综合运用本章所学的知识。

3．产品色彩综合训练

选择自己之前设计的某款产品，进行不同方案色彩搭配设计的探讨，标注色调、标准色卡等信息。要求设计 5 种以上的色彩方案。

要点提示：产品所传达的色彩印象必须考虑适用人群与产品功能特质，同时符合相应的生产工艺。

思考题

1. 产品色彩设计对消费者心理的影响包括哪些层次？

2. 产品的色彩设计策略不仅包括设计实现与完成，还包括如何进行追踪与持续管理，请简述色彩追踪与持续管理的策略。

附 录

产品设计作品

1. 功能机械类

扫地机 / 艾险峰

扫地机 / 艾险峰　李蓝博

扫地机 / 翁春萌　谭宇骁

京山轻机瓦楞纸印刷机设计 / 艾险峰

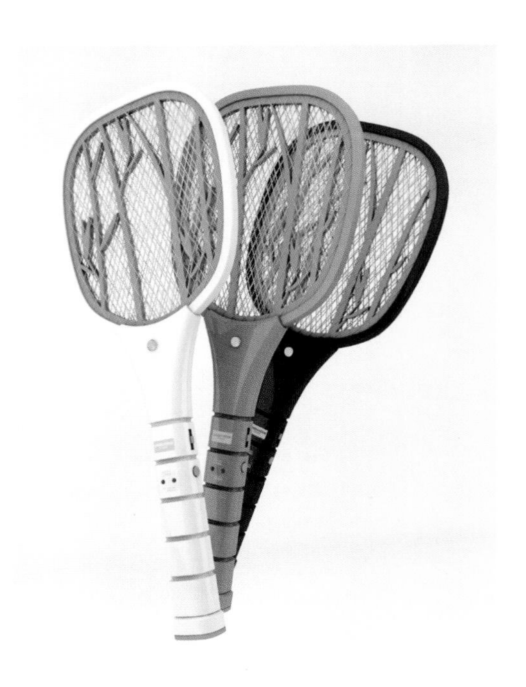

电蚊拍设计 / 王采莲

武汉客车厂客车外观配色方案

武汉客车厂客车外观配色设计 / 江伟贤　苏荷芬

2. 材料创新类

融合／国际西部精神丝绸之路双年展入围奖／陈杨钰

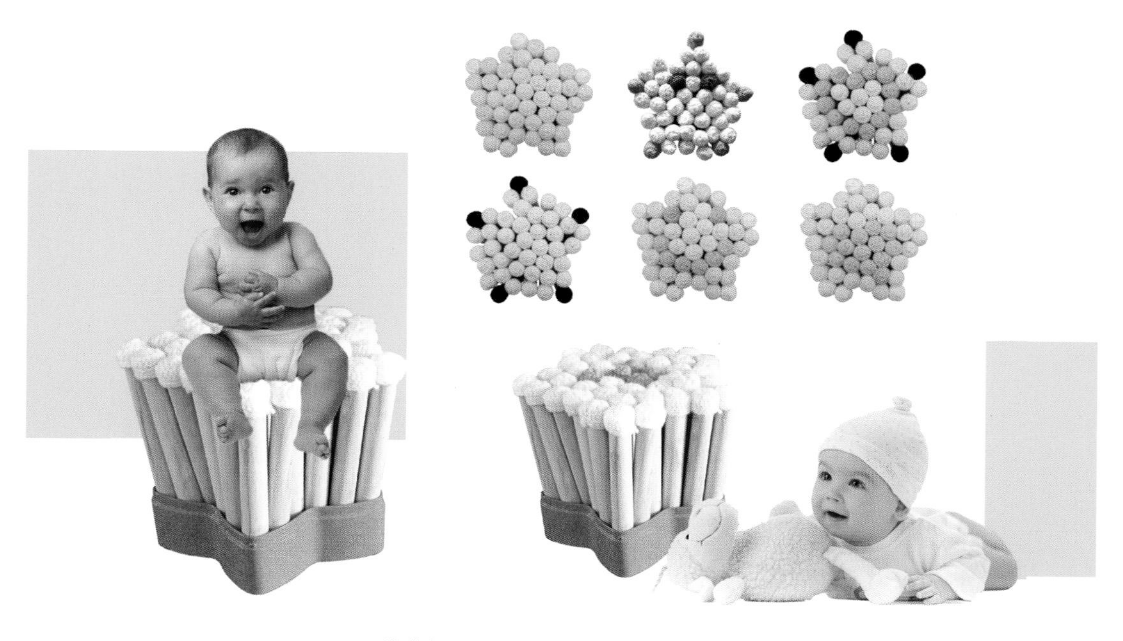

儿童趣味毛线椅／苏荷芬　骆一奇

星河织梦——编织收纳凳设计／苏荷芬　郭嘉境

3. 文创类

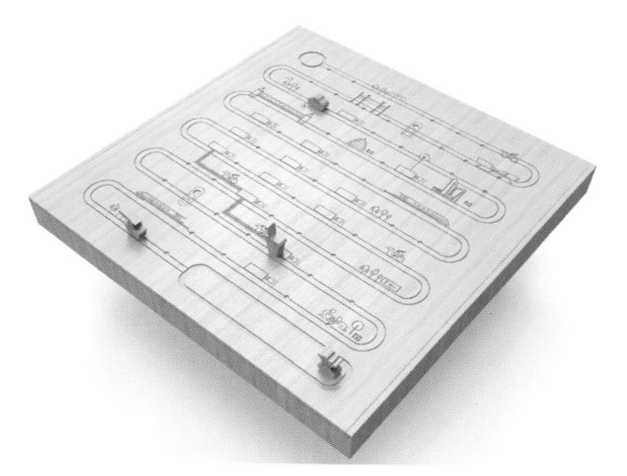

基于武汉地标元素的互动玩具设计 / 曾力　王迎

敦煌主题设计——“吐火罗”耳机 / 张佳佳

湖北省博物馆文创——鹿角立鹤衍生品设计 / 杨红

十二木卡姆疆乐饼干模戳 / 翁春萌　谭露

武科大校园文创设计／苏荷芬　盛池

武汉地域文化特色木制创意灯具设计／曾力　杨阳

昙华林文创产品——香台设计／翁春萌　王静然